图解水利工程建设项目生产安全重大事故隐患

本书编委会 • 编

中国水利水电出版社
www.waterpub.com.cn
·北京·

内 容 提 要

本书以图例和事故案例的方式对《水利工程建设项目生产安全重大事故隐患清单指南(2023年版)》进行逐条解读，直观形象地介绍了重大事故隐患的表现形式，给出了判定重大事故隐患的主要依据。本书按照重大事项隐患类型分为4章：第1章基础管理，第2章临时工程，第3章专项工程，第4章其他重大事故隐患。作者尽可能选取了具有代表性、典型性的图片和案例，并给出正确做法示例，对难以把握的条文还提供了知识拓展。

本书可供水利工程建设项目各参建单位领导、管理人员和全体从业人员阅读，也可供各级水行政主管部门相关人员和大专院校师生参阅。

图书在版编目（CIP）数据

图解水利工程建设项目生产安全重大事故隐患 / 本书编委会编. -- 北京 : 中国水利水电出版社, 2024.3 (2024.10重印)
ISBN 978-7-5226-2390-0

Ⅰ. ①图… Ⅱ. ①本… Ⅲ. ①水利工程－安全隐患－图解 Ⅳ. ①TV513-64

中国国家版本馆CIP数据核字(2024)第058624号

书　　名	**图解水利工程建设项目生产安全重大事故隐患** TUJIE SHUILI GONGCHENG JIANSHE XIANGMU SHENGCHAN ANQUAN ZHONGDA SHIGU YINHUAN
作　　者	本书编委会 编
出版发行	中国水利水电出版社 (北京市海淀区玉渊潭南路1号D座　100038) 网址：www. waterpub. com. cn E-mail：sales@ mwr. gov. cn 电话：(010)68545888（营销中心）
经　　售	北京科水图书销售有限公司 电话：(010)68545874、63202643 全国各地新华书店和相关出版物销售网点
排　　版	北京时代澄宇科技有限公司
印　　刷	北京印匠彩色印刷有限公司
规　　格	210mm×285mm　16开本　13印张　335千字
版　　次	2024年3月第1版　2024年10月第3次印刷
定　　价	**128.00**元

本书编写委员会

主　　任： 王松春

副 主 任： 钱宜伟　徐　洪　曾令文　严均蔚

主　　编： 钟卫领　马建新　王　甲　张在鹏

参编人员： 陈惠全　杨国平　张晓利　胡兴富　徐正帅
姚丽俊　江叶帆　邢怡君　成鹿铭　石青泉
田　华　张海龙　高　静　陈云波　张　程
洪海峰　单益东　赵松鹏　平　璐　袁建农
吴小萌　徐宝芹　包　科　杨　洋　刘倩怡
蔡　辉　李　明

主编单位： 水利部监督司
水利部太湖流域管理局
中国水利企业协会
上海市水利工程集团有限公司

序

PREFACE

安全生产事关人民福祉，事关经济社会发展大局。习近平总书记指出，生命重于泰山，要把重大风险隐患当成事故来对待，真正把问题解决在萌芽状态、成灾之前。随着我国经济社会不断发展，生命至上，已成为全社会广泛共识。

水利部坚决贯彻习近平总书记关于安全生产重要指示精神，弘扬人民至上、生命至上、安全第一的思想，坚持把安全风险管控挺在隐患前面，把隐患排查治理挺在事故前面，安全基础不断夯实加强，水利安全生产形势总体稳定向好，水利行业多年未发生重特大生产安全事故，为推进新阶段水利高质量发展奠定了坚实基础。

但是，从整体上看，水利安全生产工作仍然处于滚石上山、爬坡过坎的关键时期。一是水利基础设施体系建设将保持规模大、进度快的态势，工程建设安全生产任务异常繁重，而且水利工程建设领域历来是生产安全事故高发区。二是极端天气气候事件多发、频发，暴雨、洪涝、干旱等自然灾害的突发性、极端性、反常性近些年表现得越来越明显，水利工程建设和运行安全面临着严峻的挑战。三是已建水利工程点多、面广，尤其是星罗棋布、广泛分布的小水库、小水电站、小淤地坝等，这些小、散、远工程，由于设计标准低、运行时间长、安全投入不足或受自然灾害损毁的影响，工程运行安全风险在增大。四是一些水利生产经营单位主体责任不落实，安全管理不规范，安全措施不到位等问题依然存在。基层水利部门安全生产的监管力量、能力、水平还难以完全满足需要。这些都提醒我们必须统筹发展和安全，牢固树立极限思维、底线思维，必须紧紧抓住各项安全防范措施的落实，全力以赴把隐患事故消除于未萌，牢牢守住水利安全生产底线。

重大事故隐患危害和整改难度大，可能引起群死群伤，必须准确判定并及时治理。《中华人民共和国安全生产法》明确国务院负有安全生产监督管理职责的部门根据各自的职责分工，制定相关行业、领域重大事故隐患的判定标准。水利部依据法律要求，出台了《水利工程生产安全重大事故隐患判定标准（试行）》，印发了《水利工程建设项目生产安全重大事故隐患清单指南》。在监督司指导下，相关单位编写了这本《图解水利工程建设项目生产安全重大事故隐患》，以图文并茂、通俗易懂的方式，直观形象地介绍了重大事故隐患的表现形式，给出了判定重大事故隐患的主要依据，具有较强的指导意义和参考价值，既是一本工具书，也是一本很好的培训教材。相信本书的出版发行，对于普及水利工程建设领域重大事故隐患的基本知识，提高水利安全生产监督管理人员、水利工程建设各参建单位管理者和全体从业人员的重大事故隐患排查治理能力有直接的帮助指导作用，从而实现关口前移，把问题解决在成灾之前。

2023 年 5 月

前言

FOREWORD

重大事故隐患，是指危害和整改难度较大，应当全部或者局部停产停业，并经过一定时间整改治理方能排除的隐患，或者因外部因素影响致使生产经营单位自身难以排除的隐患，极易引发生产安全事故。《中华人民共和国安全生产法》明确国务院负有安全生产监督管理职责的部门根据各自的职责分工，制定相关行业、领域重大事故隐患的判定标准。水利部依据法律要求，2017 年出台了《水利工程生产安全重大事故隐患判定标准（试行）》，2021 年印发了《水利工程建设项目生产安全重大事故隐患清单指南（2021 年版）》，2023 年印发了《水利工程建设项目生产安全重大事故隐患清单指南（2023 年版）》（办监督〔2023〕273 号），为准确判定水利工程重大事故隐患提供了依据。

在实际工作中，普遍反映水利工程生产安全重大事故隐患涉及的专业类别多、知识跨度大、专业性强，准确把握清单条文有一定的难度，亟需一本以图例形式解读重大事故隐患清单的指导书。编纂《图解水利工程建设项目生产安全重大事故隐患》就是基于水利工程建设领域的这种迫切需求，旨在借助案例及插图，直观展示水利工程建设重大事故隐患的常见形式和相关知识点，让广大读者一目了然，可以在较短的时间内掌握相关知识，提升重大事故隐患排查的能力水平。

本书以现行安全生产法律、法规、规章制度和技术标准为依据，在广泛收集事故隐患案例的基础上，针对《水利工程建设项目生产安全重大事故隐患清单指南（2023 年版）》（办监督〔2023〕273 号）列出的 20 项重大事故隐患逐一梳理解读。按照重大事故隐患类型分为四章：第一章基础管理，第二章临时工程，第三章专项工程，第四章其他重大事故隐患。对每项重大事故隐患包含的若干条内容以隐患条文、判定隐患图例（或案例）、隐患判定的主要依据、正确做法示例，尽可能选取具有代表性、典型性的图片和案例展现给读者，对难以把握的条文还提供了知识拓展。

本书在编写过程中得到许多同行专家的大力支持，他们提出了许多宝贵的意见和建议，在此表示衷心感谢。用图解的形式编写此类图书，对我们来说尚属首次，错误和不足之处在所难免，敬请读者批评指正。

本书编委会

2023 年 12 月

目录

第1章

基础管理重大事故隐患

1.1 资质和人员管理（SJ-J001）

施工单位未取得安全生产许可证擅自从事水利工程建设经营活动。

本条隐患判定的主要依据如下：

（1）《安全生产许可证条例》（国务院令第 653 号）

第二条　国家对矿山企业、建筑施工企业和危险化学品、烟花爆竹、民用爆炸物品生产企业（以下统称企业）实行安全生产许可制度。

企业未取得安全生产许可证的，不得从事生产活动。

第九条　安全生产许可证的有效期为 3 年。安全生产许可证有效期满需要延期的，企业应当于期满前 3 个月向原安全生产许可证颁发管理机关办理延期手续。

（2）《建筑施工企业安全生产许可证管理规定》（建设部令第 128 号）

第二条　国家对建筑施工企业实行安全生产许可制度。

建筑施工企业未取得安全生产许可证的，不得从事建筑施工活动。

本规定所称建筑施工企业，是指从事土木工程、建筑工程、线路管道和设备安装工程及装修工程的新建、扩建、改建和拆除等有关活动的企业。

正确做法示例

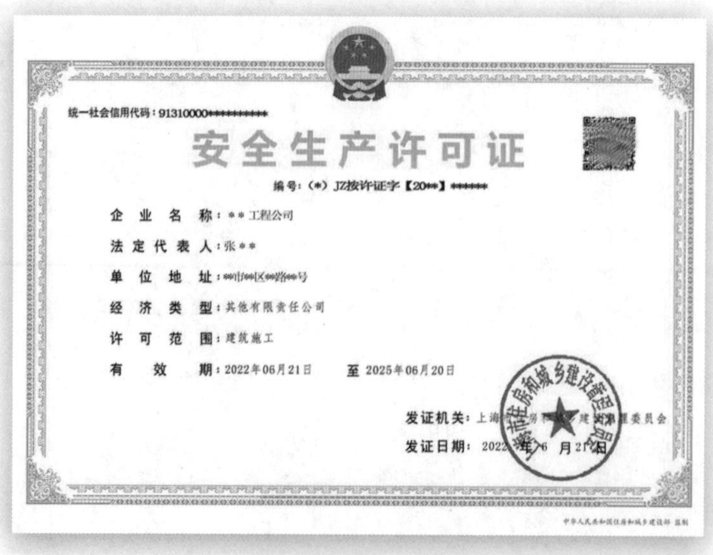

统一社会信用代码：91310000**********

安全生产许可证

编号：（*）JZ按许证字【20**】******

企业名称：**工程公司

法定代表人：张**

单位地址：**市**区**路**号

经济类型：其他有限责任公司

许可范围：建筑施工

有效期：2022年06月21日　至 2025年06月20日

发证机关：上海[illegible]委员会

发证日期：2022年6月21日

中华人民共和国住房和城乡建设部 监制

图 1.1-1　安全生产许可证

勘察（测）、设计、施工单位无资质或超越资质等级承揽、转包、违法分包工程。

事故案例

无资质施工导致事故

2021年12月15日18时左右，某续建配套与现代化改造项目，某工程有限公司施工工地，一履带式挖掘机作业时履带压到一作业人员，致其经抢救无效死亡。

事故主要原因：

1. 某工程有限公司将劳务项目发包给无资质的单位，导致施工现场实际上不具备安全生产条件。
2. 承接劳务项目的某单位，无资质承接劳务项目。

本条隐患判定的主要依据如下：

（1）《中华人民共和国建筑法》（主席令第29号）

第十三条　从事建筑活动的建筑施工企业、勘察单位、设计单位和工程监理单位，按照其拥有的注册资本、专业技术人员、技术装备和已完成的建筑工程业绩等资质条件，划分为不同的资质等级，经资质审查合格，取得相应等级的资质证书后，方可在其资质等级许可的范围内从事建筑活动。

第二十六条　承包建筑工程的单位应当持有依法取得的资质证书，并在其资质等级许可的业务范围内承揽工程。

禁止建筑施工企业超越本企业资质等级许可的业务范围或者以任何形式用其他建筑施工企业的名义承揽工程。禁止建筑施工企业以任何形式允许其他单位或者个人使用本企业的资质证书、营业执照，以本企业的名义承揽工程。

（2）《建设工程质量管理条例》（国务院令第279号）

第十八条　从事建设工程勘察、设计的单位应当依法取得相应等级的资质证书，并在其资质等级许可的范围内承揽工程。

禁止勘察、设计单位超越其资质等级许可的范围或者以其他勘察、设计单位的名义承揽工程。禁止勘察、设计单位允许其他单位或者个人以本单位的名义承揽工程。

勘察、设计单位不得转包或者违法分包所承揽的工程。

第二十五条　施工单位应当依法取得相应等级的资质证书，并在其资质等级许可的范围内承揽工程。

禁止施工单位超越本单位资质等级许可的业务范围或者以其他施工单位的名义承揽工程。禁止施工单位允许其他单位或者个人以本单位的名义承揽工程。

施工单位不得转包或者违法分包工程。

（3）《建设工程勘察设计管理条例》（国务院令第 293 号）

第八条　建设工程勘察、设计单位应当在其资质等级许可的范围内承揽建设工程勘察、设计业务。

禁止建设工程勘察、设计单位超越其资质等级许可的范围或者以其他建设工程勘察、设计单位的名义承揽建设工程勘察、设计业务。

禁止建设工程勘察、设计单位允许其他单位或者个人以本单位的名义承揽建设工程勘察、设计业务。

（4）《水利工程质量管理规定》（水利部令第 52 号）

第二十一条　勘察、设计单位应当在其资质等级许可的范围内承揽水利工程勘察、设计业务，禁止超越资质等级许可的范围或者以其他勘察、设计单位的名义承揽水利工程勘察、设计业务，禁止允许其他单位或者个人以本单位的名义承揽水利工程勘察、设计业务，不得转包或者违法分包所承揽的水利工程勘察、设计业务。

第三十一条　施工单位应当在其资质等级许可的范围内承揽水利工程施工业务，禁止超越资质等级许可的业务范围或者以其他施工单位的名义承揽水利工程施工业务，禁止允许其他单位或者个人以本单位的名义承揽水利工程施工业务，不得转包或者违法分包所承揽的水利工程施工业务。

第三十四条　（节选）禁止分包单位将其承包的工程再分包。

（5）《水利工程施工转包违法分包等违法行为认定查处管理暂行办法》（水建管〔2016〕420 号）

第四条　本办法所称转包，是指施工单位承包工程后，不履行合同约定的责任和义务，将其承包的工程全部转给他人施工的行为。

第五条　具有下列情形之一的，认定为转包：

（一）承包人将其承包的全部工程转给其他单位或个人施工的；

（二）承包人将其承包的全部工程肢解以后以分包的名义转给其他单位或个人施工的；

（三）承包人将其承包的全部工程以内部承包合同等形式交由分公司施工，但分公司成立未履行合法手续的；

（四）采取联营合作等形式的承包人，其中一方将应由其实施的全部工程交由联营合作方施工的；

（五）全部工程由劳务作业分包单位实施，劳务作业分包单位计取报酬是除上缴给承包人管理费之外全部工程价款的；

（六）承包人未设立现场管理机构的；

（七）承包人未派驻项目负责人、技术负责人、财务负责人、质量管理负责人、安全管理负责人等主要管理人员或者派驻的上述人员中全部不是本单位人员的；

（八）承包人不履行管理义务，只向实际施工单位收取管理费的；

（九）法律、法规规定的其他转包行为。

本办法所称本单位人员，是指在本单位工作，并与本单位签订劳动合同，由本单位支付劳动报酬、缴纳社会保险的人员。

第六条　本办法所称违法分包，是指施工单位承包工程后违反法律法规规定或者施工合同关于分包的约定，把部分工程或劳务分包给其他单位或个人施工的行为。

第七条　具有下列情形之一的，认定为违法分包：

（一）承包人将工程分包给不具备相应资质或安全生产许可的单位或个人施工的；

（二）施工合同中没有约定，又未经项目法人书面同意，承包人将其承包的部分工程分包给其他单位施工的；

（三）承包人将主要建筑物的主体结构工程分包的；

（四）工程分包单位将其承包的工程中非劳务作业部分再分包的；

（五）劳务作业分包单位将其承包的劳务作业再分包的；

（六）劳务作业分包单位除计取劳务作业费用外，还计取主要建筑材料款和大中型机械设备费用的；

（七）承包人未与分包人签订分包合同，或分包合同未遵循承包合同的各项原则，不满足承包合同中相应要求的；

（八）法律、法规规定的其他违法分包行为。

正确做法示例

工程勘察资质证书

企业名称：上海XX公司
注册地址：上海市XX路XX号X楼
营业执照注册号：310112001435369　法定代表人：XXX
注册资本：10000万元　经济性质：
证书编号：B23100XXXX　有效期：至2020年5月31日
资质类别及等级：岩土工程物探测试检测监测乙级

本使用件仅用于：XX改造项目投标
使用期限2015-06-01至2015-08-31

发证机关：
批准日期：2015-06-01

企业最新信息可通过微信服务号“上海建筑业”扫描二维码查询。

本件生成日期：2015年6月15日 13:02

图 1.1-2　工程勘察资质证书

工程设计资质证书

企业名称：上海XX公司
注册地址：上海市XX路XX号X楼
营业执照注册号：310112001435369　法定代表人：XXX
注册资本：10000万元　经济性质：
证书编号：A23100XXXX　有效期：至2020年5月31日
资质类别及等级：建筑装饰工程设计专项乙级，建筑幕墙工程设计专项乙级

本使用件仅用于：XX改造项目投标
使用期限2015-06-01至2015-08-31

发证机关：
批准日期：2015-06-01

企业最新信息可通过微信服务号“上海建筑业”扫描二维码查询。

本件生成日期：2015年6月15日 13:02

图 1.1-3　工程设计资质证书

建筑业企业资质证书

企业名称：上海XX公司
注册地址：上海市XX路XX号X楼
营业执照注册号：310112001435369　法定代表人：XXX
注册资本：10000万元　经济性质：一人有限责任公司（自然人独资）
证书编号：D231000037　有效期：至2020年5月31日
资质类别及等级：建筑工程总承包二级，公路工程总承包二级

本使用件仅用于：XX改造项目投标
使用期限2015-06-01至2015-08-31

发证机关：
批准日期：2015-06-01

企业最新信息可通过微信服务号“上海建筑业”扫描二维码查询。

本件生成日期：2015年6月15日 13:02

图 1.1-4　建筑业企业资质证书

项目法人和施工单位未按规定设置安全生产管理机构或未按规定配备专职安全生产管理人员。

判定隐患

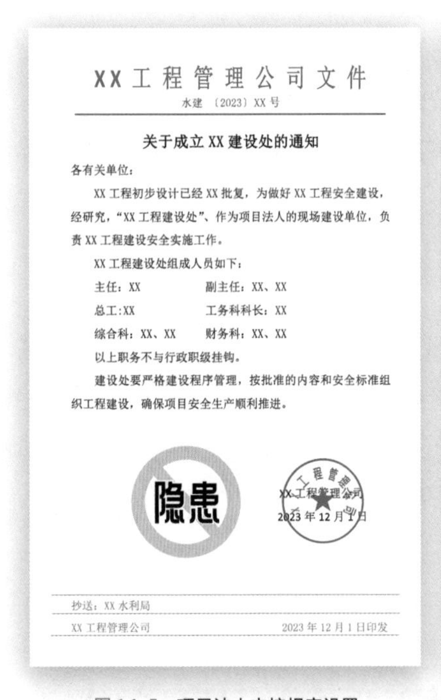

XX 工程管理公司文件

水建〔2023〕XX 号

关于成立 XX 建设处的通知

各有关单位：

XX 工程初步设计已经 XX 批复，为做好 XX 工程安全建设，经研究，“XX 工程建设处”、作为项目法人的现场建设单位，负责 XX 工程建设安全实施工作。

XX 工程建设处组成人员如下：

主任：XX　　副主任：XX、XX

总工:XX　　工务科科长：XX

综合科：XX、XX　　财务科：XX、XX

以上职务不与行政职级挂钩。

建设处要严格建设程序管理，按批准的内容和安全标准组织工程建设，确保项目安全生产顺利推进。

XX 工程管理公司

2023 年 12 月 1 日

抄送：XX 水利局

XX 工程管理公司　　2023 年 12 月 1 日印发

图 1.1-5　项目法人未按规定设置安全生产管理机构

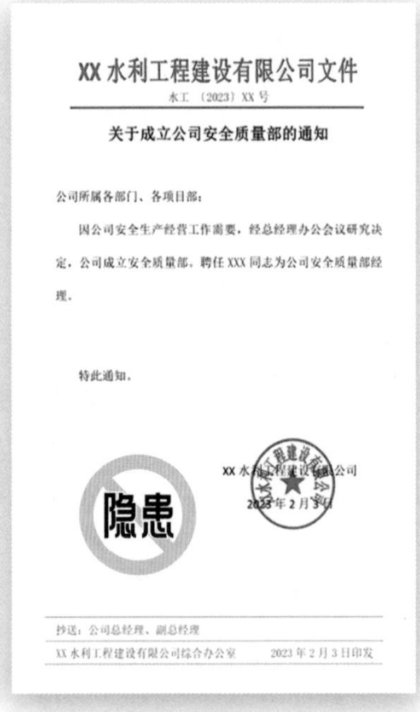

XX 水利工程建设有限公司文件

水工〔2023〕XX 号

关于成立公司安全质量部的通知

公司所属各部门、各项目部：

因公司安全生产经营工作需要，经总经理办公会议研究决定，公司成立安全质量部，聘任 XXX 同志为公司安全质量部经理。

特此通知。

XX 水利工程建设有限公司

2023 年 2 月 3 日

抄送：公司总经理、副总经理

XX 水利工程建设有限公司综合办公室　　2023 年 2 月 3 日印发

图 1.1-6　设置的安全质量部不是安全管理的独立部门

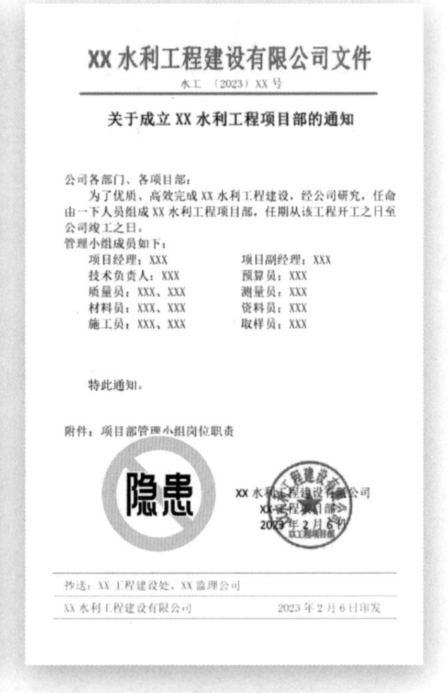

XX 水利工程建设有限公司文件

水工〔2023〕XX 号

关于成立 XX 水利工程项目部的通知

公司各部门、各项目部：

为了优质、高效完成 XX 水利工程建设，经公司研究，任命由一下人员组成 XX 水利工程项目部，任期从该工程开工之日至公司竣工之日。

管理小组成员如下：

项目经理：XXX　　项目副经理：XXX

技术负责人：XXX　　预算员：XXX

质量员：XXX、XXX　　测量员：XXX

材料员：XXX、XXX　　资料员：XXX

施工员：XXX、XXX　　取样员：XXX

特此通知。

附件：项目部管理小组岗位职责

XX 水利工程建设有限公司

XX 工程项目部

2023 年 2 月 6 日

抄送：XX 工程建设处、XX 监理公司

XX 水利工程建设有限公司　　2023 年 2 月 6 日印发

图 1.1-7　项目部未按规定配备专职安全生产管理人员

本条隐患判定的主要依据如下：

（1）《中华人民共和国安全生产法》（主席令第 88 号）

第二十四条　矿山、金属冶炼、建筑施工、运输单位和危险物品的生产、经营、储存、装卸单位，应当设置安全生产管理机构或者配备专职安全生产管理人员。

前款规定以外的其他生产经营单位，从业人员超过一百人的，应当设置安全生产管理机构或者配备专职安全生产管理人员；从业人员在一百人以下的，应当配备专职或者兼职的安全生产管理人员。

［条文释义］　应当设置安全生产管理机构或者配备专职安全生产管理人员的单位

矿山、金属冶炼、建筑施工、运输和危险物品生产、经营、储存、装卸是危险性比较大的生产经营活动，从事这些活动的单位是危险性比较大的单位。因而，规定矿山、金属冶炼、建筑施工、运输单位和危险物品的生产、经营、储存、装卸单位，应当设置安全生产管理机构或者配备专职安全生产管理人员。这些单位必须成立专门从事安全生产管理工作的机构或者配备专职的人员从事安全生产管理工作。

这里讲的“安全生产管理机构”，是指生产经营单位内部设立的专门负责安全生产管理事务的独立的部门；“专职安全生产管理人员”，是指在生产经营单位中专门负责安全生产管理、不再兼任其他工作的人员。除矿山、金属冶炼、建筑施工、运输单位和危险物品的生产经营、储存、装卸单位外，其他生产经营单位，从业人员在 100 人以上的，应当设置安全生产管理机构或者配备专职安全生产管理人员。

（2）《建设工程安全生产管理条例》（国务院令第 393 号）

第二十三条　施工单位应当设立安全生产管理机构，配备专职安全生产管理人员。

专职安全生产管理人员负责对安全生产进行现场监督检查。发现安全事故隐患，应当及时向项目负责人和安全生产管理机构报告；对违章指挥、违章操作的，应当立即制止。

专职安全生产管理人员的配备办法由国务院建设行政主管部门会同国务院其他有关部门制定。

（3）《水利工程建设安全生产管理规定》（水利部令第 26 号）

第二十条　施工单位应当设立安全生产管理机构，按照国家有关规定配备专职安全生产管理人员。施工现场必须有专职安全生产管理人员。

（4）《水利水电工程施工安全管理导则》（SL 721—2015）

4.1.3　（节选）项目法人应设置专门的安全生产管理机构，配备专职的安全生产管理人员。

4.2.1　施工单位应当成立安全生产领导小组，设置安全生产管理机构，配备专职安全生产管理人员，并报项目法人备案。

（5）《建筑施工企业安全生产管理机构设置及专职安全生产管理人员配备办法》（建质〔2008〕91 号）

第三条　本办法所称安全生产管理机构是指建筑施工企业设置的负责安全生产管理工作的独立职能部门。

第八条　建筑施工企业安全生产管理机构专职安全生产管理人员的配备应满足下列要求，并应根据企业经营规模、设备管理和生产需要予以增加：

（一）建筑施工总承包资质序列企业：特级资质不少于 6 人；一级资质不少于 4 人；二级和二级以下资质企业不少于 3 人。

（二）建筑施工专业承包资质序列企业：一级资质不少于 3 人；二级和二级以下资质企业不少于 2 人。

（三）建筑施工劳务分包资质序列企业：不少于 2 人。

（四）建筑施工企业的分公司、区域公司等较大的分支机构（以下简称分支机构）应依据实际生产情况配备不少于 2 人的专职安全生产管理人员。

第十三条　总承包单位配备项目专职安全生产管理人员应当满足下列要求：

（一）建筑工程、装修工程按照建筑面积配备：

1．1 万平方米以下的工程不少于 1 人；

2．1 万 ~5 万平方米的工程不少于 2 人；

3．5 万平方米及以上的工程不少于 3 人，且按专业配备专职安全生产管理人员。

（二）土木工程、线路管道、设备安装工程按照工程合同价配备：

1．5000 万元以下的工程不少于 1 人；

2．5000 万 ~1 亿元的工程不少于 2 人；

3．1 亿元及以上的工程不少于 3 人，且按专业配备专职安全生产管理人员。

第十四条　分包单位配备项目专职安全生产管理人员应当满足下列要求：

（一）专业承包单位应当配置至少 1 人，并根据所承担的分部分项工程的工程量和施工危险程度增加。

（二）劳务分包单位施工人员在 50 人以下的，应当配备 1 名专职安全生产管理人员；50~200 人的，应当配备 2 名专职安全生产管理人员；200 人及以上的，应当配备 3 名及以上专职安全生产管理人员，并根据所承担的分部分项工程施工危险实际情况增加，不得少于工程施工人员总人数的 5‰。

正确做法示例

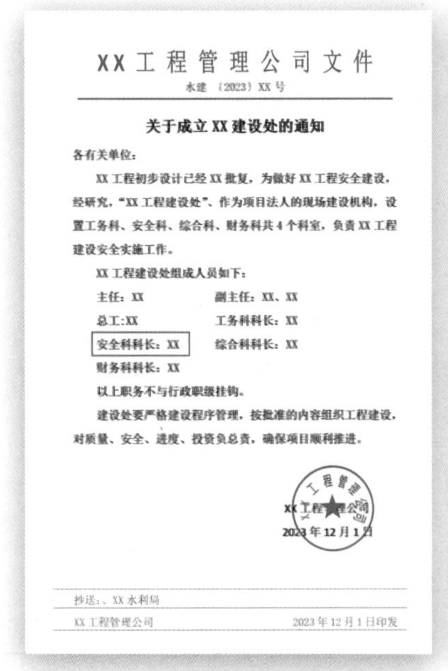

XX 工 程 管 理 公 司 文 件

水建〔2023〕XX 号

关于成立 XX 建设处的通知

各有关单位：

XX 工程初步设计已经 XX 批复，为做好 XX 工程安全建设，经研究，“XX 工程建设处”、作为项目法人的现场建设机构，设置工务科、安全科、综合科、财务科共 4 个科室，负责 XX 工程建设安全实施工作。

XX 工程建设处组成人员如下：

主任：XX　　副主任：XX、XX

总工:XX　　工务科科长：XX

安全科科长：XX　　综合科科长：XX

财务科科长：XX

以上职务不与行政职级挂钩。

建设处要严格建设程序管理，按批准的内容组织工程建设，对质量、安全、进度、投资负总责，确保项目顺利推进。

XX 工程管理公司

2023 年 12 月 1 日

抄送：、XX 水利局

XX 工程管理公司　　2023 年 12 月 1 日印发

图 1.1-8　项目法人按规定设置安全生产管理机构

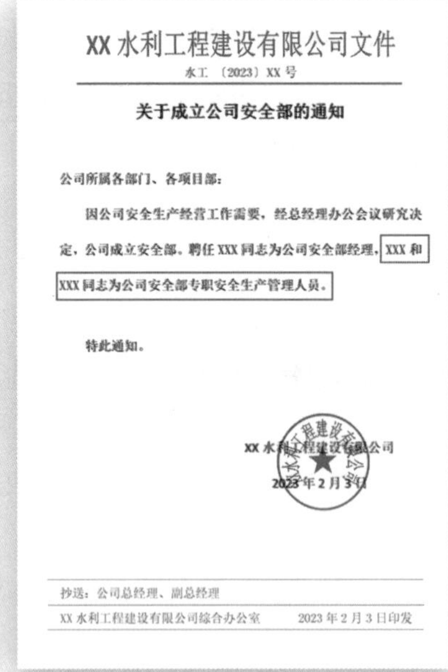

XX 水利工程建设有限公司文件

水工〔2023〕XX 号

关于成立公司安全部的通知

公司所属各部门、各项目部：

因公司安全生产经营工作需要，经总经理办公会议研究决定，公司成立安全部。聘任 XXX 同志为公司安全部经理，XXX 和 XXX 同志为公司安全部专职安全生产管理人员。

特此通知。

XX 水利工程建设有限公司

2023 年 2 月 3 日

抄送：公司总经理、副总经理

XX 水利工程建设有限公司综合办公室　　2023 年 2 月 3 日印发

图 1.1-9　施工单位按规定配备专职安全生产管理人员

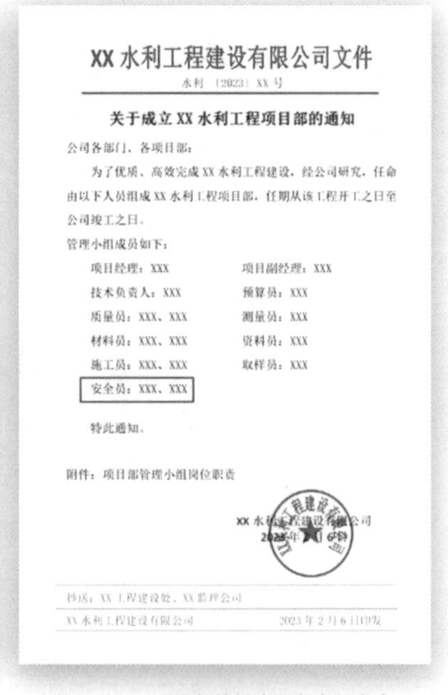

XX 水利工程建设有限公司文件

水利〔2023〕XX 号

关于成立 XX 水利工程项目部的通知

公司各部门、各项目部：

为了优质、高效完成 XX 水利工程建设，经公司研究，任命由以下人员组成 XX 水利工程项目部，任期从该工程开工之日至公司竣工之日。

管理小组成员如下：

项目经理：XXX　　项目副经理：XXX

技术负责人：XXX　　预算员：XXX

质量员：XXX、XXX　　测量员：XXX

材料员：XXX、XXX　　资料员：XXX

施工员：XXX、XXX　　取样员：XXX

安全员：XXX、XXX

特此通知。

附件：项目部管理小组岗位职责

XX 水利工程建设有限公司

抄送：XX 工程建设处、XX 监理公司

XX 水利工程建设有限公司　　2023 年 2 月 6 日印发

图 1.1-10　项目部按规定配备专职安全生产管理人员

施工单位主要负责人、项目负责人和专职安全生产管理人员未按规定持有效的安全生产考核合格证书。

判定隐患

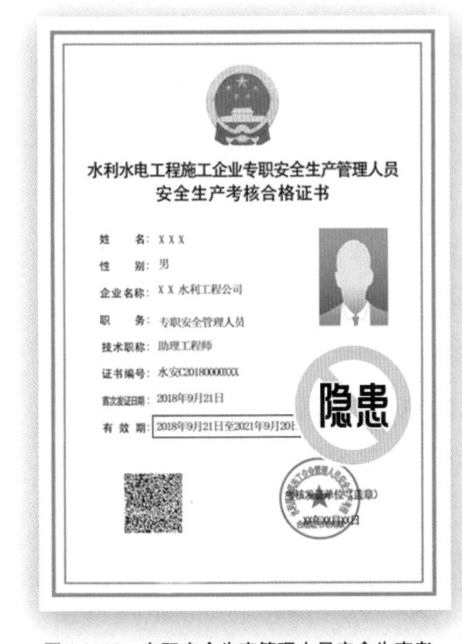

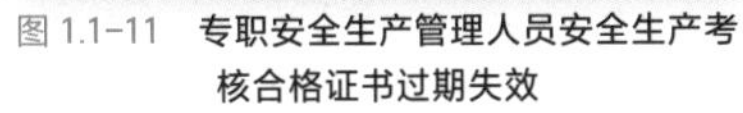
图 1.1-11　专职安全生产管理人员安全生产考核合格证书过期失效

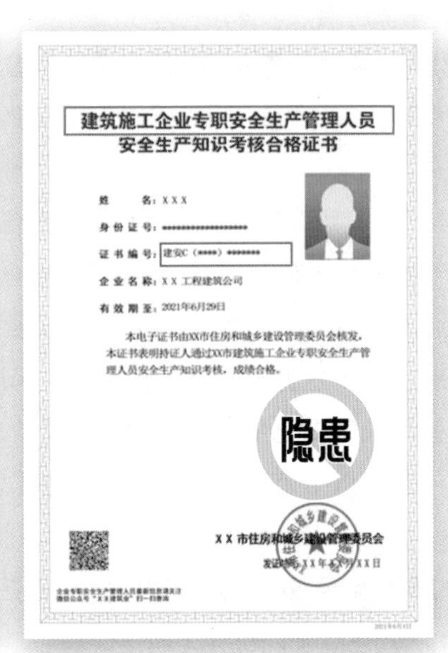

图 1.1-12　未持有水行政主管部门颁发的证书

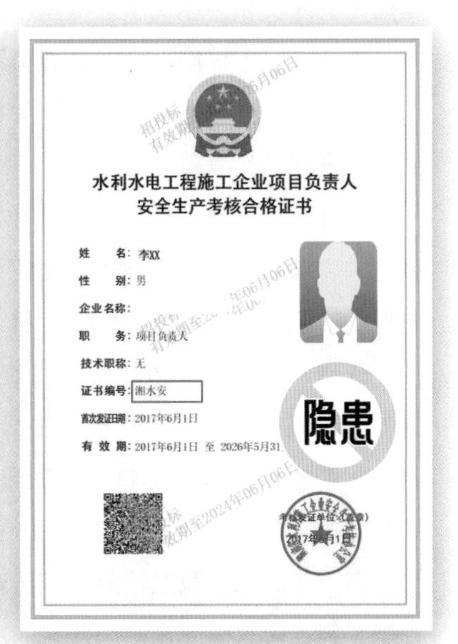

图 1.1-13　一级资质企业安全生产管理人员未持水利部颁发的证书

本条隐患判定的主要依据如下：

（1）《中华人民共和国安全生产法》（主席令第 88 号）

第二十七条　生产经营单位的主要负责人和安全生产管理人员必须具备与本单位所从事的生产经营活动相应的安全生产知识和管理能力。

危险物品的生产、经营、储存、装卸单位以及矿山、金属冶炼、建筑施工、运输单位的主要负责人和安全生产管理人员，应当由主管的负有安全生产监督管理职责的部门对其安全生产知识和管理能力考核合格。考核不得收费。

（2）《水利工程建设安全生产管理规定》（水利部令第 26 号）

第二十五条　施工单位的主要负责人、项目负责人、专职安全生产管理人员应当经水行政主管部门对其安全生产知识和管理能力考核合格。

（3）《水利水电工程施工企业主要负责人、项目负责人和专职安全生产管理人员安全生产考核管理办法》（水监督〔2022〕326 号）

第二条　在中华人民共和国境内从事水利水电工程施工活动的施工企业主要负责人、项目负责人和专职安全生产管理人员安全生产考核，以及对安全生产考核的监督管理，应遵守本办法。

第三条　本办法所称企业主要负责人指企业的法定代表人和实际控制人。

项目负责人是指由企业法定代表人授权，负责工程项目管理的人员。

专职安全生产管理人员是指在企业专职从事工程项目安全生产管理工作的人员，包括企业安全生产管理机构的人员和专职从事工程项目安全生产管理的人员。

水利水电工程施工企业主要负责人、项目负责人和专职安全生产管理人员以下统称为安管人员。

第四条　安管人员安全生产考核实行分类考核，分为企业主要负责人考核、项目负责人考核和专职安全生产管理人员考核。

第五条　安管人员安全生产考核实行分级管理。国务院水行政主管部门对水利水电工程施工企业主要负责人、项目负责人和专职安全生产管理人员安全生产考核管理和安全生产工作实施监督管理，负责全国水利水电工程施工总承包一级（含）以上资质、专业承包一级资质企业安管人员的安全生产考核。

各省、自治区、直辖市人民政府水行政主管部门对本省级行政区域内水利水电工程施工企业主要负责人、项目负责人和专职安全生产管理人员安全生产工作实施监督管理，负责本省级行政区域内工商注册的水利水电工程施工总承包二级（含）以下资质、专业承包二级（含）以下资质企业安管人员的安全生产考核。

市、县级水行政主管部门依法对本行政区域内安管人员安全生产工作实施监督检查。

实施安管人员安全生产考核的水行政主管部门统称为考核管理部门。

（4）《水利水电工程施工安全管理导则》（SL 721—2015）

8.2.2　施工单位的主要负责人、项目负责人、专职安全生产管理人员必须取得省级以上水行政主管部门颁发的安全生产考核合格证书，方可参与水利水电工程投标，从事施工管理工作。

正确做法示例

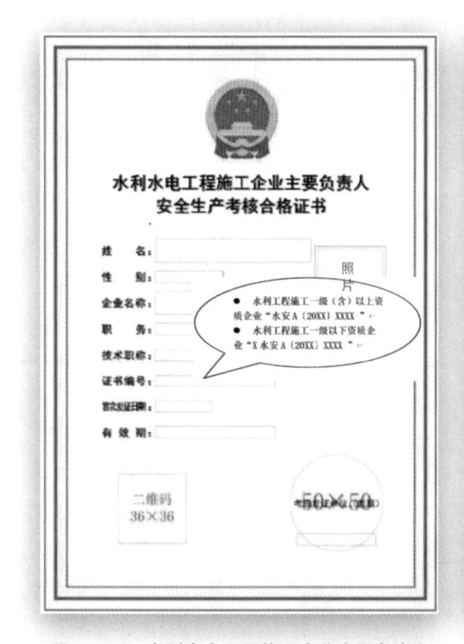

图 1.1-14　水利水电工程施工企业主要负责人安全生产考核合格证书

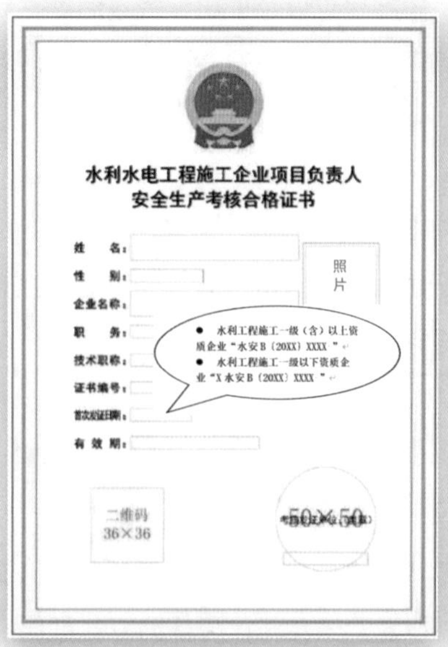

图 1.1-15　水利水电工程施工企业项目负责人安全生产考核合格证书

图 1.1-16　水利水电工程施工企业专职安全生产管理人员安全生产考核合格证书

特种（设备）作业人员未取得特种作业人员操作资格证书上岗作业。

判定隐患

特种（设备）作业人员未取得特种作业人员操作资格证书上岗作业，通常表现为：

1. 未取得特种作业人员证书；
2. 证书未按规定时间复审延期，过期失效；
3. 未取得行业主管部门规定的证书，超资格范围从业等。

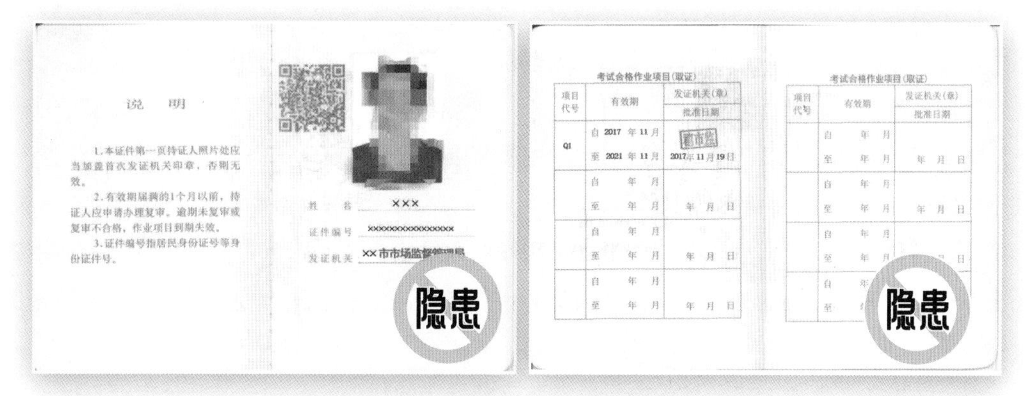

图 1.1-17　特种设备作业人员持有证件未及时复审，过期失效（1）

图 1.1-18　特种作业人员持有证件未及时复审，过期失效（2）

本条隐患判定的主要依据如下：

（1）《中华人民共和国安全生产法》（主席令第 88 号）

第三十条　生产经营单位的特种作业人员必须按照国家有关规定经专门的安全作业培训，取得相应资格，方可上岗作业。

特种作业人员的范围由国务院应急管理部门会同国务院有关部门确定。

（2）《特种作业人员安全技术培训考核管理规定》（安监总局令第80号）

第三条　本规定所称特种作业，是指容易发生事故，对操作者本人、他人的安全健康及设备、设施的安全可能造成重大危害的作业。特种作业的范围由特种作业目录规定。

本规定所称特种作业人员，是指直接从事特种作业的从业人员。

（3）《水利工程建设安全生产管理规定》（水利部令第26号）

第二十二条　垂直运输机械作业人员、安装拆卸工、爆破作业人员、起重信号工、登高架设作业人员等特种作业人员，必须按照国家有关规定经过专门的安全作业培训，并取得特种作业操作资格证书后，方可上岗作业。

（4）《中华人民共和国特种设备安全法》（主席令第4号）

第二条　（节选）本法所称特种设备，是指对人身和财产安全有较大危险性的锅炉、压力容器（含气瓶）、压力管道、电梯、起重机械、客运索道、大型游乐设施、场（厂）内专用机动车辆，以及法律、行政法规规定适用本法的其他特种设备。

国家对特种设备实行目录管理。特种设备目录由国务院负责特种设备安全监督管理的部门制定，报国务院批准后执行。

第十四条　特种设备安全管理人员、检测人员和作业人员应当按照国家有关规定取得相应资格，方可从事相关工作。特种设备安全管理人员、检测人员和作业人员应当严格执行安全技术规范和管理制度，保证特种设备安全。

第一百条　（节选）军事装备、核设施、航空航天器使用的特种设备安全的监督管理不适用本法。

（5）《建设工程安全生产管理条例》（国务院令第393号）

第二十五条　垂直运输机械作业人员、安装拆卸工、爆破作业人员、起重信号工、登高架设作业人员等特种作业人员，必须按照国家有关规定经过专门的安全作业培训，并取得特种作业操作资格证书后，方可上岗作业。

特种作业人员

特种作业目录

主要依据：《特种作业人员安全技术培训考核管理规定》（安监总局令第80号第二次修正）

1. 电工作业
2. 焊接与热切割作业
3. 高处作业
4. 制冷与空调作业
5. 煤矿安全作业
6. 金属非金属矿山安全作业
7. 石油天然气安全作业
8. 冶金（有色）生产安全作业
9. 危险化学品安全作业
10. 烟花爆竹安全作业
11. 安全监管总局认定的其他作业

特种设备作业人员

特种设备作业人员作业种类

主要依据：《市场监管总局关于特种设备行政许可有关事项的公告》（2021 年第 41 号）

1．特种设备安全管理
2．锅炉作业
3．压力容器作业
4．气瓶作业
5．电梯作业
6．起重机作业
7．客运索道作业
8．大型游乐设施作业
9．场（厂）内专用机动车辆作业
10．安全附件维修作业
11．特种设备焊接作业

其他持证作业人员

例：其他需持证作业人员的证书

1．爆破作业人员许可证
2．内河船舶船员适任证书
3．潜水员证
4．民用无人机驾驶员合格证

图 1.1-19　特种作业操作证

表 1.1-1　特种设备作业人员资格认定分类与项目

序号	种类	作业项目	项目代号
1	特种设备安全管理	特种设备安全管理	A
2	锅炉作业	工业锅炉司炉	G1
		电站锅炉司炉①	G2
		锅炉水处理	G3
3	压力容器作业	快开门式压力容器操作	R1
		移动式压力容器充装	R2
		氧舱维护保养	R3
4	气瓶作业	气瓶充装	P

续表

序号	种类	作业项目	项目代号
5	电梯作业	电梯修理②	T
6	起重机作业	起重机指挥	Q1
		起重机司机③	Q2
7	客运索道作业	客运索道修理	S1
		客运索道司机	S2
8	大型游乐设施作业	大型游乐设施修理	Y1
		大型游乐设施操作	Y2
9	场（厂）内专用机动车辆作业	叉车司机	N1
		观光车和观光列车司机	N2
10	安全附件维修作业	安全阀校验	F
11	特种设备焊接作业④	金属焊接操作	
		非金属焊接操作	

注　本表来源于《市场监管总局关于特种设备行政许可有关事项的公告》（2021 年第 41 号），出版者对表注作规范化处理。

① 资格认定范围为 300MW 以下（不含 300MW）的电站锅炉司炉人员，300MW 及以上电站锅炉司炉人员由使用单位按照电力行业规范自行进行技能培训。

② 电梯修理作业项目包括修理和维护保养作业。

③ 可根据报考人员的申请需求进行范围限制，具体明确限制为桥式起重机司机、门式起重机司机、塔式起重机司机、门座式起重机司机、缆索式起重机司机、流动式起重机司机、升降机司机。如“起重机司机（限桥式起重机）”等。

④ 特种设备焊接作业人员项目代号按照《特种设备焊接操作人员考核细则》（TSG Z6002—2010）的规定执行。

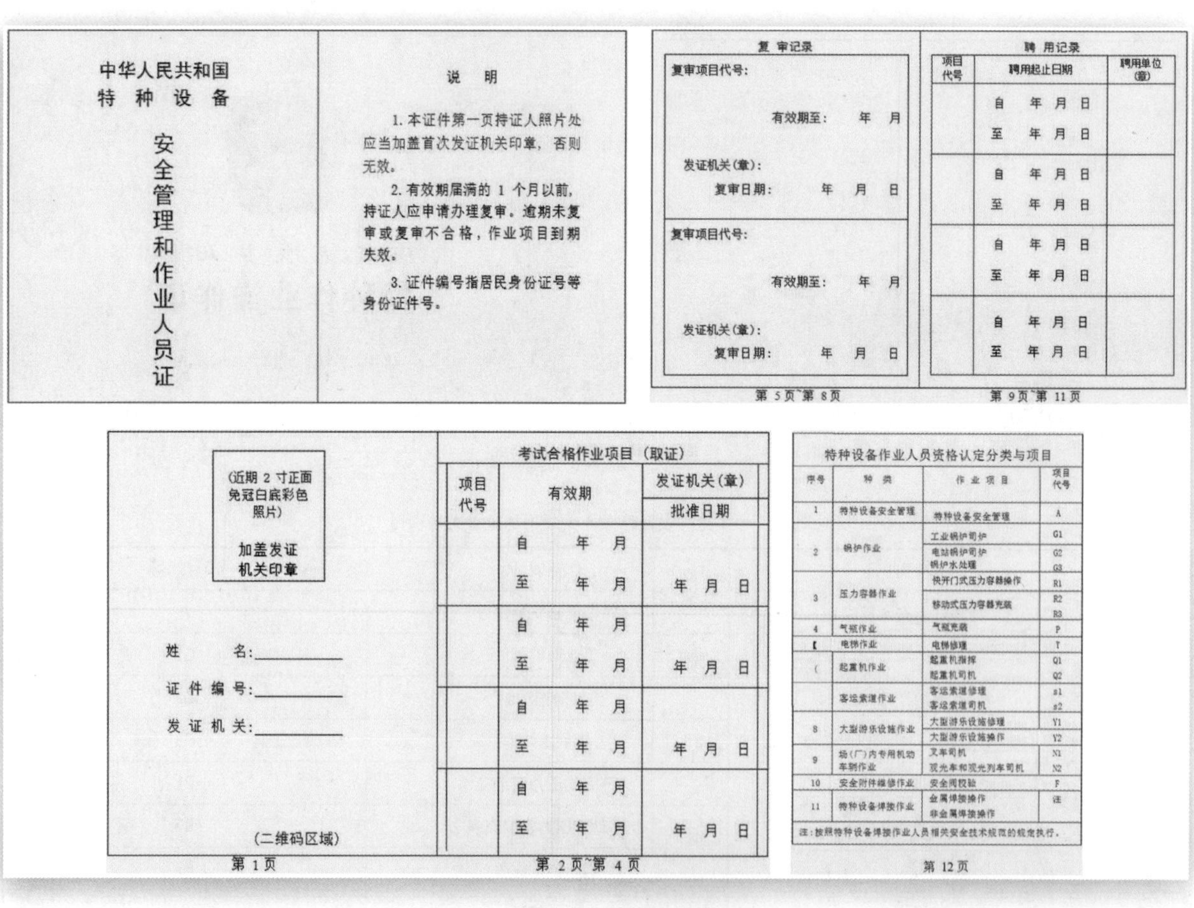

中华人民共和国
特种设备
安全管理和作业人员证

说　明

1. 本证件第一页持证人照片处应当加盖首次发证机关印章，否则无效。

2. 有效期届满的 1 个月以前，持证人应申请办理复审。逾期未复审或复审不合格，作业项目到期失效。

3. 证件编号指居民身份证号等身份证件号。

复审记录

复审项目代号：
有效期至：　年　月
发证机关（章）：
复审日期：　年　月　日

复审项目代号：
有效期至：　年　月
发证机关（章）：
复审日期：　年　月　日

第 5 页~第 8 页

聘用记录

项目代号	聘用起止日期	聘用单位（章）
	自　年　月　日 至　年　月　日	
	自　年　月　日 至　年　月　日	
	自　年　月　日 至　年　月　日	
	自　年　月　日 至　年　月　日	

第 9 页~第 11 页

（近期 2 寸正面免冠白底彩色照片）

加盖发证机关印章

姓　　名：

证 件 编 号：

发 证 机 关：

（二维码区域）

第 1 页

考试合格作业项目（取证）

项目代号	有效期	发证机关（章） 批准日期
	自　年　月 至　年　月	年　月　日
	自　年　月 至　年　月	年　月　日
	自　年　月 至　年　月	年　月　日
	自　年　月 至　年　月	年　月　日

第 2 页~第 4 页

特种设备作业人员资格认定分类与项目

序号	种类	作业项目	项目代号
1	特种设备安全管理	特种设备安全管理	A
2	锅炉作业	工业锅炉司炉	G1
		电站锅炉司炉 锅炉水处理	G2 G3
3	压力容器作业	快开门式压力容器操作	R1
		移动式压力容器充装	R2 R3
4	气瓶作业	气瓶充装	P
[illegible]	电梯作业	电梯修理	T
[illegible]	起重机作业	起重机指挥 起重机司机	Q1 Q2
	客运索道作业	客运索道修理 客运索道司机	s1 s2
8	大型游乐设施作业	大型游乐设施修理	Y1
		大型游乐设施操作	Y2
9	场（厂）内专用机动车辆作业	叉车司机 观光车和观光列车司机	N1 N2
10	安全附件维修作业	安全阀校验	F
11	特种设备焊接作业	金属焊接操作 非金属焊接操作	注

注：按照特种设备焊接作业人员相关安全技术规范的规定执行。

第 12 页

图 1.1-20　特种设备安全管理和作业人员证

知识拓展

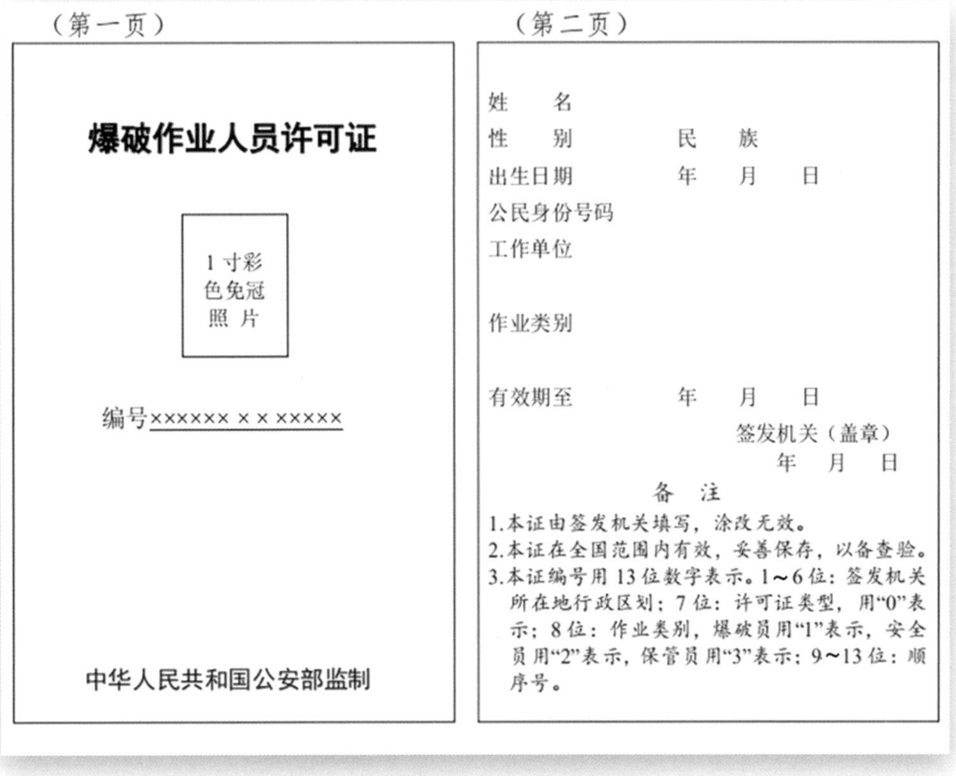

（第一页）

爆破作业人员许可证

1 寸彩色免冠照片

编号×××××××××××××

中华人民共和国公安部监制

（第二页）

姓　　名

性　　别　　　　　　民　　族

出生日期　　　　　　年　　月　　日

公民身份号码

工作单位

作业类别

有效期至　　　　　　年　　月　　日

签发机关（盖章）

年　　月　　日

备　注

1.本证由签发机关填写，涂改无效。
2.本证在全国范围内有效，妥善保存，以备查验。
3.本证编号用 13 位数字表示。1～6 位：签发机关所在地行政区划；7 位：许可证类型，用“0”表示；8 位：作业类别，爆破员用“1”表示，安全员用“2”表示，保管员用“3”表示；9～13 位：顺序号。

图 1.1-21　爆破作业人员许可证（参考样式）

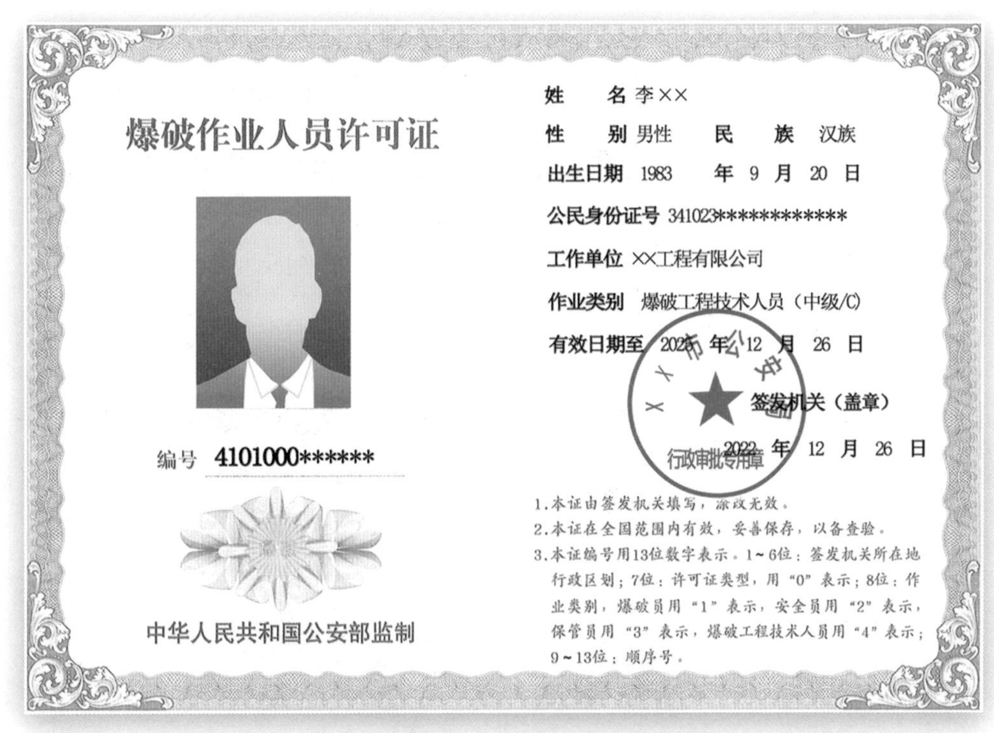

爆破作业人员许可证

编号 4101000******

中华人民共和国公安部监制

姓　　名 李××

性　　别 男性　　民　　族 汉族

出生日期 1983 年 9 月 20 日

公民身份证号 341023************

工作单位 ××工程有限公司

作业类别 爆破工程技术人员（中级/C）

有效日期至 2025 年 12 月 26 日

签发机关（盖章）

2022 年 12 月 26 日

1.本证由签发机关填写，涂改无效。
2.本证在全国范围内有效，妥善保存，以备查验。
3.本证编号用13位数字表示。1～6位：签发机关所在地行政区划；7位：许可证类型，用“0”表示；8位：作业类别，爆破员用“1”表示，安全员用“2”表示，保管员用“3”表示，爆破工程技术人员用“4”表示；9～13位：顺序号。

图 1.1-22　爆破作业人员许可证（爆破工程技术人员）

《爆破作业人员许可证》申请表

姓　名		性　别		民　族		照片
出生日期		公民身份号码				
学　历		专　业		技术职称		
工作单位						
通信地址				联系电话		
申请类别	□初次申领　□到期换发　□变更单位换发　□补发　□提高资格等级					
申请从事爆破作业类别	□爆破员　□安全员　□保管员 爆破工程技术人员（□高级/A　□高级/B　□中级/C　□初级/D）			初次领证时间	年　月　日	
从事爆破工作的简历	（可附页）					
所在单位法定代表人声明	我对申报的所有材料的真实性负责，保证申请人具备完全民事行为能力，无妨碍爆破作业的疾病或生理缺陷。 （单位印章） 法定代表人签名：　年　月　日					
县级公安机关背景审查意见	申请人无犯罪记录，无涉恐、吸毒等其他不适合从事爆破作业的情况。 （公安机关印章） 经办人签名：　年　月　日					
考核意见	作业类别： 考核专家组签名： 年　月　日					
发证公安机关审批意见	审核人签名： 签发人签名：　（签发机关印章） 年　月　日					

图 1.1-23　爆破作业人员许可证申请表

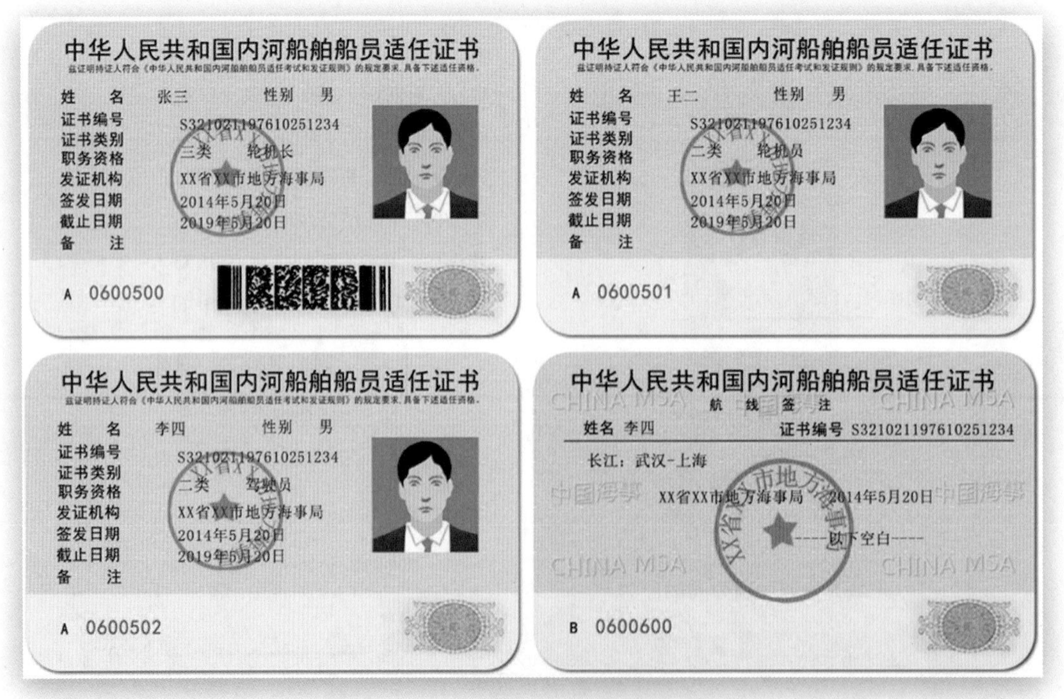

图 1.1-24　内河船舶船员适任证书

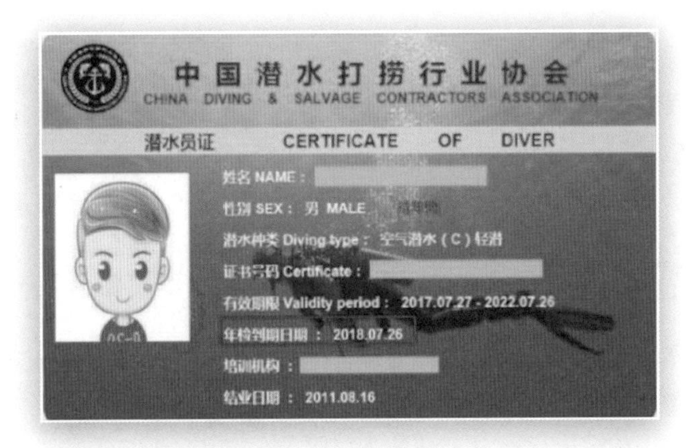

图 1.1-25 潜水员证

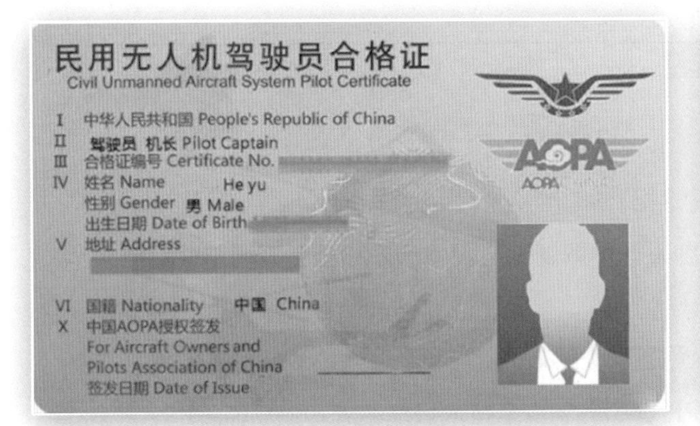

图 1.1-26 民用无人机驾驶员合格证

图 1.1-27 无人驾驶航空器系统操作手合格证

1.2 方案管理（SJ-J002）

隐患条文

无施工组织设计施工。

事故案例

某厂房无施工组织设计擅自组织施工造成坍塌重大事故

2019 年 5 月 16 日，某市厂房发生局部坍塌，造成 12 人死亡，10 人重伤，3 人轻伤，坍塌面积约 $1000m^2$，直接经济损失约 3430 万元。

事故主要原因：

1. 瞬间失稳后部分厂房结构连锁坍塌。生活区设在施工区内，导致群死群伤。
2. 施工单位主体责任：

（1）公司主要负责人未依法履行安全生产工作职责。

（2）超资质承揽工程。

（3）违规允许个人挂靠，安排人员挂名项目经理，对承包项目未实施实际管理。

（4）在没有施工许可证、结构设计图纸未经审查、无施工组织设计、无安全技术交底的情况下进行施工。

图 1.2-1　坍塌事故现场

本条隐患判定的主要依据如下：

（1）《建设工程安全生产管理条例》（国务院令第 393 号）

第二十六条　（节选）施工单位应当在施工组织设计中编制安全技术措施和施工现场临时用电方案。

（2）《水利工程建设安全生产管理规定》（水利部令第 26 号）

第二十三条　（节选）施工单位应当在施工组织设计中编制安全技术措施和施工现场临时用电方案。

正确做法示例

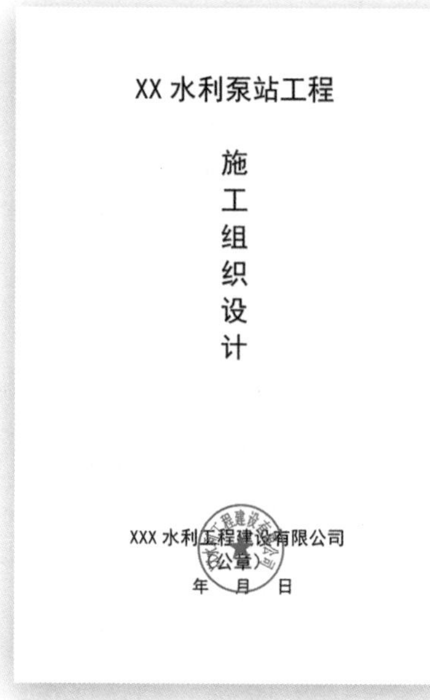

XX 水利泵站工程

施工组织设计

XXX 水利工程建设有限公司（公章）

年　月　日

图 1.2-2　施工组织设计

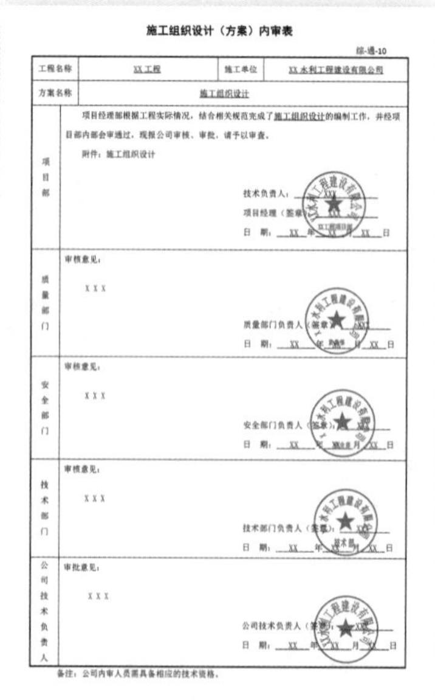

施工组织设计（方案）内审表

综-通-10

工程名称	XX 工程	施工单位	XX 水利工程建设有限公司
方案名称	施工组织设计		
项目部	项目经理部根据工程实际情况，结合相关规范完成了施工组织设计的编制工作，并经项目部内部会审通过，现报公司审核、审批，请予以审查。 附件：施工组织设计 技术负责人：XXX 项目经理（签章）：XXX 日　期：XX 年 XX 月 XX 日		
质量部门	审核意见： XXX 质量部门负责人（签章）：XXX 日　期：XX 年 XX 月 XX 日		
安全部门	审核意见： XXX 安全部门负责人（签章）：XXX 日　期：XX 年 XX 月 XX 日		
技术部门	审核意见： XXX 技术部门负责人（签章）：XXX 日　期：XX 年 XX 月 XX 日		
公司技术负责人	审批意见： XXX 公司技术负责人（签章）：XXX 日　期：XX 年 XX 月 XX 日		

备注：公司内审人员需具备相应的技术资格。

图 1.2-3　施工组织设计内审

CB01　施工技术方案申报表

（承包〔　〕技案　　号）

合同名称：　　　　合同编号：

致（监理机构）：

我方今提交 XXX 工程（名称及编码）的：

附：☐ 施工组织设计　☐ 施工措施计划

☑ 专项施工方案　☐ 度汛方案

☐ 灾害应急预案　☐ 施工工艺试验方案

☐ 专项检测试验方案　☐ 工程测量施测方案

☐ 工程放样计划和方案　☐ 变更实施方案

请贵方审批。

承 包 人：（现场机构名称及盖章）

项目经理：（签名）XXX

日　　期：XX 年 XX 月 XX 日

监理机构将另行签发审批意见。

监理机构：（名称及盖章）

签 收 人：（签名）XXX

日　　期：XX 年 XX 月 XX 日

说明：本表一式__份，由承包人填写。监理机构签收后，发包人__份、设代机构__份、监理机构__份、承包人__份。

图 1.2-4　施工组织设计申报

未按规定编制和审批危险性较大的工程专项施工方案。

事故案例

某工程未按规定编制和审批隧洞出口专项施工方案发生边坡坍塌生产安全事故

2022 年 6 月 19 日 7 时 50 分，由某投资公司投资建设、某建设公司承建的供水二期主体工程施工干渠 5 号隧洞出口右侧护坡浆砌石工程，施工过程中作业面右上部坡体发生坍塌，造成 4 人死亡，直接经济损失 427 万元。

事故主要原因：

1. 在施工单位未制定专项施工方案、无施工图纸的情况下，项目部实际负责人陈某杰安排施工班组擅自进行护坡开挖作业。
2. 施工班组实际负责人闫某财在设计图纸下发后，在明知现场安全防护措施不到位、存在滑坡坍塌风险隐患的情况下，违章指挥，盲目冒险进行浆砌石护坡作业，导致事故发生。

图 1.2-5　隧洞出口作业面右上部坡体坍塌现场

本条隐患判定的主要依据如下：

（1）《建设工程安全生产管理条例》（国务院令第393号）

第二十六条　施工单位应当在施工组织设计中编制安全技术措施和施工现场临时用电方案，对下列达到一定规模的危险性较大的分部分项工程编制专项施工方案，并附具安全验算结果，经施工单位技术负责人、总监理工程师签字后实施，由专职安全生产管理人员进行现场监督：

（一）基坑支护与降水工程；

（二）土方开挖工程；

（三）模板工程；

（四）起重吊装工程；

（五）脚手架工程；

（六）拆除、爆破工程；

（七）国务院建设行政主管部门或者其他有关部门规定的其他危险性较大的工程。

对前款所列工程中涉及深基坑、地下暗挖工程、高大模板工程的专项施工方案，施工单位还应当组织专家进行论证、审查。

本条第一款规定的达到一定规模的危险性较大工程的标准，由国务院建设行政主管部门会同国务院其他有关部门制定。

（2）《水利工程建设安全生产管理规定》（水利部令第26号）

第二十三条　（节选）对下列达到一定规模的危险性较大的工程应当编制专项施工方案，并附具安全验算结果，经施工单位技术负责人签字以及总监理工程师核签后实施，由专职安全生产管理人员进行现场监督：

（一）基坑支护与降水工程；

（二）土方和石方开挖工程；

（三）模板工程；

（四）起重吊装工程；

（五）脚手架工程；

（六）拆除、爆破工程；

（七）围堰工程；

（八）其他危险性较大的工程。

对前款所列工程中涉及高边坡、深基坑、地下暗挖工程、高大模板工程的专项施工方案，施工单位还应当组织专家进行论证、审查。

（3）《水利水电工程施工安全管理导则》（SL 721—2015）

7.3.1　施工单位应在施工前，对达到一定规模的危险性较大的单项工程编制专项施工方案（见附录A）；对于超过一定规模的危险性较大的单项工程（见附录A），施工单位应组织专家对专项施工方案进行审查论证。

附录 A 危险性较大的单项工程

A.0.1 达到一定规模的危险性较大的单项工程，主要包括下列工程：

1 基坑支护、降水工程：开挖深度达到 3（含）~5m 或虽未超过 3m 但地质条件和周边环境复杂的基坑（槽）支护、降水工程。

2 土方和石方开挖工程：开挖深度达到 3（含）~5m 的基坑（槽）的土方和石方开挖工程。

3 模板工程及支撑体系：

1）大模板等工具式模板工程；

2）混凝土模板支撑工程：搭设高度 5（含）~8m；搭设跨度 10（含）~18m；施工总荷载 10（含）~15kN/m^2；集中线荷载 15（含）~20kN/m；高度大于支撑水平投影宽度且相对独立无联系构件的混凝土模板支撑工程；

3）承重支撑体系：用于钢结构安装等满堂支撑体系。

4 起重吊装及安装拆卸工程：

1）采用非常规起重设备、方法，且单件起吊重量在 10（含）~100kN 的起重吊装工程；

2）采用起重机械进行安装的工程；

3）起重机械设备自身的安装、拆卸。

5 脚手架工程：

1）搭设高度 24（含）~50m 的落地式钢管脚手架工程；

2）附着式整体和分片提升脚手架工程；

3）悬挑式脚手架工程；

4）吊篮脚手架工程；

5）自制卸料平台、移动操作平台工程；

6）新型及异型脚手架工程。

6 拆除、爆破工程。

7 围堰工程。

8 水上作业工程。

9 沉井工程。

10 临时用电工程。

11 其他危险性较大的工程。

7.3.2 专项施工方案应包括下列内容：

1 工程概况：危险性较大的单项工程概况、施工平面布置、施工要求和技术保证条件等；

2 编制依据：相关法律、法规、规章、制度、标准及图纸（国标图集）、施工组织设计等；

3 施工计划：包括施工进度计划、材料与设备计划等；

4 施工工艺技术：技术参数、工艺流程、施工方法、质量标准、检查验收等；

5 施工安全保证措施：组织保障、技术措施、应急预案、监测监控等；

6 劳动力计划：专职安全生产管理人员、特种作业人员等；

7 设计计算书及相关图纸等。

7.3.3　专项施工方案应由施工单位技术负责人组织施工技术、安全、质量等部门的专业技术人员进行审核。经审核合格的，应由施工单位技术负责人签字确认。实行分包的，应由总承包单位和分包单位技术负责人共同签字确认。

无需专家论证的专项施工方案，经施工单位审核合格后应报监理单位，由项目总监理工程师审核签字，并报项目法人备案。

正确做法示例

XX 水利工程

泵站厂房外脚手架专项施工方案

XXX 水利工程建设有限公司

（公章）

年　月　日

图 1.2-6　泵站厂房外脚手架专项施工方案

XX 水利工程

起重吊装工程专项施工方案

XXX 水利工程建设有限公司

（公章）

年　月　日

图 1.2-7　起重吊装工程专项施工方案

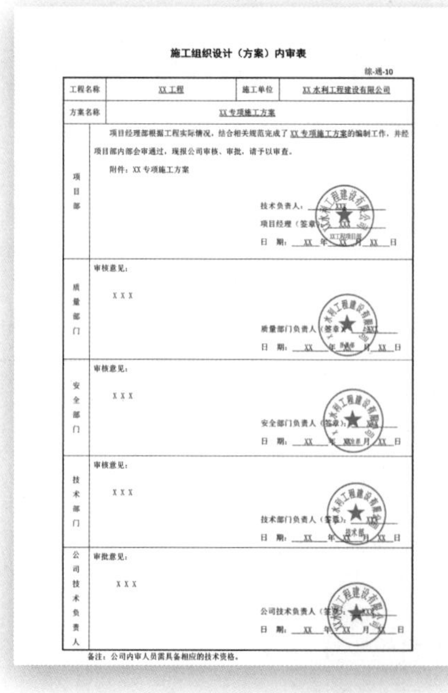

施工组织设计（方案）内审表

综-通-10

工程名称	XX 工程	施工单位	XX 水利工程建设有限公司
方案名称	XX 专项施工方案		
项目部	项目经理部根据工程实际情况，结合相关规范完成了 XX 专项施工方案的编制工作，并经项目部内部会审通过，现报公司审核、审批，请予以审查。 附件：XX 专项施工方案 技术负责人：XXX 项目经理（签章）：XXX 日　期：XX 年 XX 月 XX 日		
质量部门	审核意见： X X X 质量部门负责人（签章）：XXX 日　期：XX 年 XX 月 XX 日		
安全部门	审核意见： X X X 安全部门负责人（签章）：XXX 日　期：XX 年 XX 月 XX 日		
技术部门	审核意见： X X X 技术部门负责人（签章）：XXX 日　期：XX 年 XX 月 XX 日		
公司技术负责人	审批意见： X X X 公司技术负责人（签章）：XXX 日　期：XX 年 XX 月 XX 日		

备注：公司内审人员需具备相应的技术资格。

图 1.2-8　专项施工方案内审

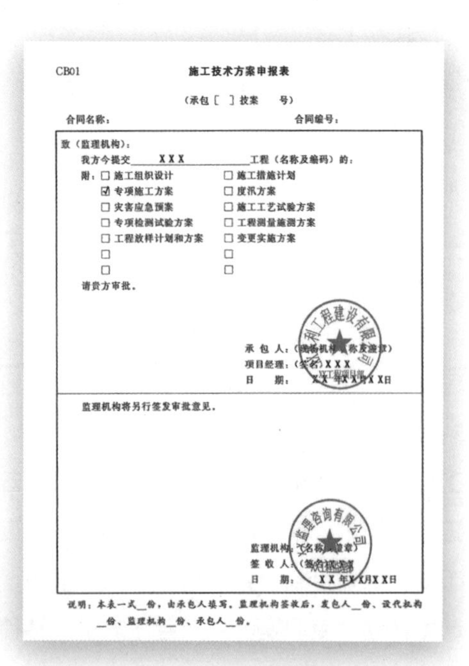

CB01　　**施工技术方案申报表**

（承包［　］技案　　号）

合同名称：　　　　合同编号：

致（监理机构）：

我方今提交　X X X　工程（名称及编码）的：

附：☐ 施工组织设计　　☐ 施工措施计划

☑ 专项施工方案　　☐ 度汛方案

☐ 灾害应急预案　　☐ 施工工艺试验方案

☐ 专项检测试验方案　　☐ 工程测量施测方案

☐ 工程放样计划和方案　　☐ 变更实施方案

☐　　☐

☐　　☐

请贵方审批。

承 包 人：（现场机构名称及盖章）

项目经理：（签名）X X X

日　　期：X X 年 X X 月 X X 日

监理机构将另行签发审批意见。

监理机构：（名称及盖章）

签 收 人：（签名）

日　　期：X X 年 X X 月 X X 日

说明：本表一式＿份，由承包人填写。监理机构签收后，发包人＿份、设代机构＿份、监理机构＿份、承包人＿份。

图 1.2-9　专项施工方案申报

超过一定规模的危险性较大单项工程的专项施工方案未按规定组织专家论证、审查擅自施工。

事故案例

某在建工地超危大工程专项施工方案未按规定组织专家论证、审查擅自施工导致山体滑坡重大事故

2022 年 1 月 3 日 18 时 55 分许，某工地高达 40m 左右的近直立高陡边坡支护工程在施工过程中，突然发生山体滑坡，造成 14 名施工作业人员死亡、3 人受伤。直接经济损失 2856.06 万元。

事故主要原因：

1. 边坡开挖改变了斜坡的地表形态和应力分布，降低了山体抗滑力，导致坡体失稳，形成滑坡。
2. 违法转包工程。
3. 使用未经设计单位盖章且未送审的边坡设计施工图进行施工。
4. 超危大工程专项施工方案未经总监理工程师审查，未组织专家论证，就用于指导施工。未采用有效技术手段进行变形监测。

图 1.2-10　滑坡区鸟瞰图

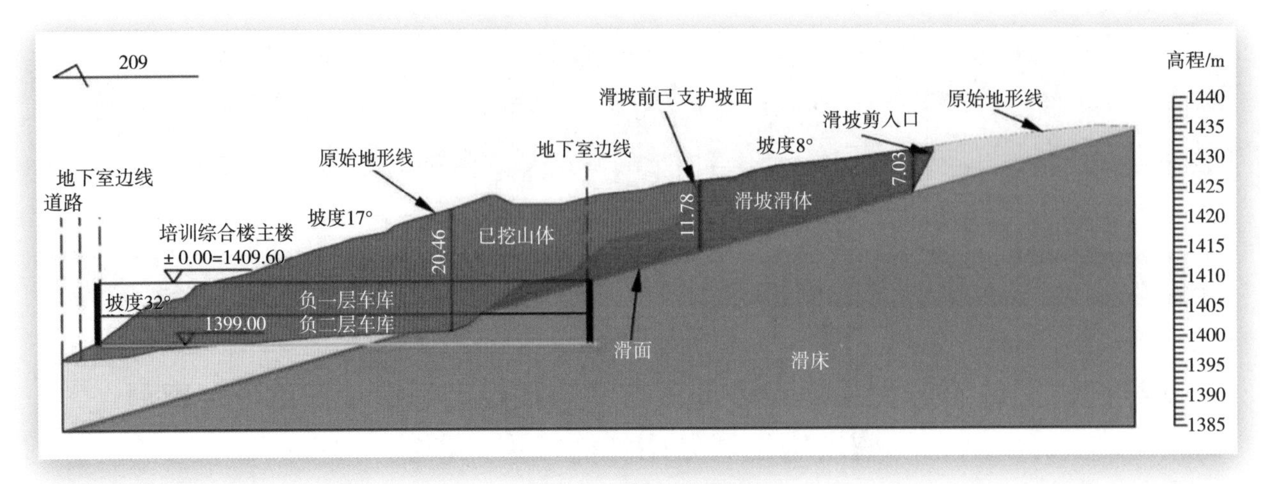

图 1.2-11　**滑坡区域示意图**

本条隐患判定的主要依据如下：

（1）《水利工程建设安全生产管理规定》（水利部令第 26 号）

第二十三条　施工单位应当在施工组织设计中编制安全技术措施和施工现场临时用电方案，对下列达到一定规模的危险性较大的工程应当编制专项施工方案，并附具安全验算结果，经施工单位技术负责人签字以及总监理工程师核签后实施，由专职安全生产管理人员进行现场监督：

（一）基坑支护与降水工程；

（二）土方和石方开挖工程；

（三）模板工程；

（四）起重吊装工程；

（五）脚手架工程；

（六）拆除、爆破工程；

（七）围堰工程；

（八）其他危险性较大的工程。

对前款所列工程中涉及高边坡、深基坑、地下暗挖工程、高大模板工程的专项施工方案，施工单位还应当组织专家进行论证、审查。

（2）《水利水电工程施工安全管理导则》（SL 721—2015）

7.3.4　超过一定规模的危险性较大的单项工程专项施工方案应由施工单位组织召开审查论证会。审查论证会应由下列人员参加：

1　专家组成员；

2　项目法人单位负责人或技术负责人；

3　监理单位总监理工程师及相关人员；

4 施工单位分管安全的负责人、技术负责人、项目负责人、项目技术负责人、专项施工方案编制人员、项目专职安全生产管理人员；

5 勘察、设计单位项目技术负责人及相关人员等。

7.3.5 专家组应由 5 名及以上符合相关专业要求的专家组成，各参建单位人员不得以专家身份参加审查论证会。

7.3.6 专家组成员应当具备下列基本条件：

1 诚实守信、作风正派、学术严谨；

2 从事相关专业工作 15 年以上或具有丰富的专业经验；

3 具有高级专业技术职称。

7.3.7 审查论证会应就下列主要内容进行审查论证，并提交论证报告。审查论证报告应对审查论证的内容提出明确的意见，并经专家组成员签字。

1 专项施工方案是否完整、可行，质量、安全标准是否符合工程建设标准强制性条文规定；

2 设计计算书是否符合有关标准规定；

3 施工的基本条件是否符合现场实际等。

（3）《岩土工程基本术语标准》（GB/T 50279—2014）

10.1.6 高边坡 high slope

土质边坡高度大于 30m、岩质边坡高度大于 50m 的边坡。

正确做法示例

图 1.2-12 组织专项施工方案专家论证会

表 E.0.3-15　超过一定规模的危险性较大的单项工程专项施工方案专家论证审查表

一、工程基本情况					
工程名称	XX 水利泵站工程		地点	XX 会议室	
建设单位	XX 建设管理局	施工总承包单位	XX 水利工程建设有限公司	专业承包单位	XX
单项工程类别：深基坑工程					
工程基本情况： 本工程基坑深度为 XX 米……					

二、参加专家论证会的有关人员（签名）					
类　别	姓名	单位（全称）	专业	职务职称	手机
专家组组长	张 XX	XX 公司	水利水电	教授级高工	XXX
专家组成员	李 XX	XX 公司	水利水电	教授级高工	XXX
	王 XX	XX 公司	水利水电	高级工程师	XXX
	赵 XX	XX 公司	水利水电	高级工程师	XXX
	汪 XX	XX 公司	水利水电	教授级高工	XXX
建设单位项目负责人或技术负责人	何 XX	XX 建设管理局	XX	XX	XXX
监理单位项目总监理工程师	王 XX	XX 监理公司	XX	XX	XXX
监理单位专业监理工程师	叶五	XX 监理公司	XX	XX	XXX
施工单位安全管理机构负责人	张三	XX 工程公司	XX	XX	XXX
施工单位工程技术管理机构负责人	李四	XX 工程公司	XX	XX	XXX
施工单位项目负责人	潘 XX	XX 工程公司	XX	XX	XXX
施工单位项目技术负责人	江 XX	XX 工程公司	XX	XX	XXX
专项方案编制人员	洪 XX	XX 工程公司	XX	XX	XXX
项目专职安全生产管理人员	刘 XX	XX 工程公司	XX	XX	XXX
设计单位项目技术负责人	丁 XX	XX 设计公司	XX	XX	XXX
其他有关人员	陈 XX	XX 公司	XX	XX	XXX

16

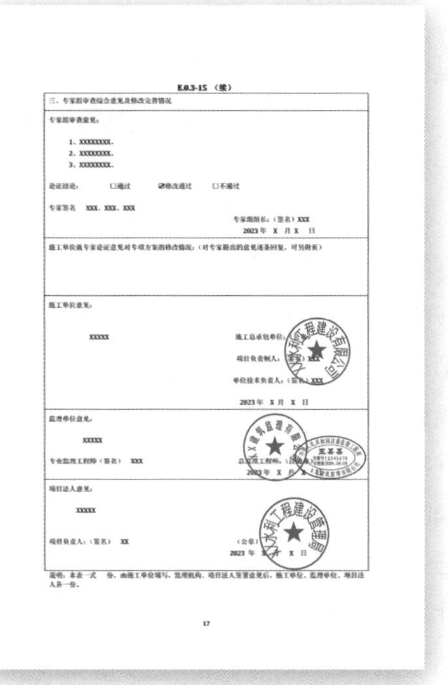

E.0.3-15（续）

三、专家组审查综合意见及修改完善情况
专家组审查意见： 1、XXXXXXXX。 2、XXXXXXXX。 3、XXXXXXXX。 论证结论：□通过　☑修改通过　□不通过 专家签名　XXX、XXX、XXX 专家组组长：（签名）XXX 2023 年 X 月 X 日
施工单位按专家论证意见对专项方案的修改情况：（对专家提出的意见逐条回复，可另附页）
施工单位意见： XXXXX 施工总承包单位： 项目负责人：（签名）XXX 单位技术负责人：（签名）XXX 2023 年 X 月 X 日
监理单位意见： XXXXX 专业监理工程师（签名）　XXX 总监理工程师：（签名） 2023 年 X 月 X 日
项目法人意见： XXXXX 项目负责人：（签名）　XX （公章） 2023 年 X 月 X 日

说明：本表一式　份，由施工单位填写，监理机构、项目法人签署意见后，施工单位、监理单位、项目法人各一份。

17

图 1.2-13　**专项施工方案专家论证审查表**

未按批准的专项施工方案组织实施。

事故案例

未按专项施工方案施工导致基坑坍塌事故

2021 年 10 月 2 日 1 时 30 分，某工地，施工单位组织进行基坑开挖及地下管道安装施工时，发生一起基坑坍塌事故，造成 2 人死亡，直接经济损失约 350 万元。

事故主要原因：

1. 施工单位未按专项施工方案进行施工：方案设计中基坑顶 1.5m 范围内不允许堆土，1.5~3m 范围内堆土高度不允许超过 1m，实际堆土紧贴基坑边缘，堆土高度超过 3m，且选择在基坑东侧一侧堆土。
2. 开挖堆土处于松散状态，黏聚力偏低，现场同时存在施工振动荷载，堆土产生滑移坍塌。
3. 安全交底、培训教育不到位。
4. 安全隐患排查工作落实不到位。
5. 现场监理安全管理不到位。
6. 建设单位安全生产责任未落实等。

图 1.2-14　坍塌事故现场

本条隐患判定的主要依据如下：

《水利水电工程施工安全管理导则》（SL 721—2015）

7.3.9　施工单位应严格按照专项施工方案组织施工，不得擅自修改、调整专项施工方案。

如因设计、结构、外部环境等因素发生变化确需修改的，修改后的专项施工方案应当重新审核。对于超过一定规模的危险性较大的单项工程的专项施工方案，施工单位应重新组织专家进行论证。

7.3.10　监理、施工单位应指定专人对专项施工方案实施情况进行旁站监督。发现未按专项施工方案施工的，应要求其立即整改；存在危及人身安全紧急情况的，施工单位应立即组织作业人员撤离危险区域。

总监理工程师、施工单位技术负责人应定期对专项施工方案实施情况进行巡查。

正确做法示例

图 1.2-15　专项施工方案技术交底

图 1.2-16　现场监督方案落实

需要验收的危险性较大的单项工程未经验收合格转入后续工程施工。

事故案例

某厂房模板支撑工程未经验收合格转入混凝土浇筑导致坍塌事故

2022年5月3日14时35分许，某建筑工程公司在某厂房施工过程中发生坍塌事故，造成2人死亡，4人受伤。

图 1.2-17 坍塌事故现场

事故主要原因：

1. 模板支撑系统失稳。
2. 混凝土浇筑工序不当。
3. 脚手架搭设不规范。
4. 责任落实不到位。施工单位未按编制的屋面构架模板及支撑体系专项施工方案施工，且未经验收合格转入后续工程施工（方案设计中的立杆间距为0.9m × 0.9m，横杆步距为1.2m，实际立杆间距为1.2m × 1.2m，横杆步距为1.8m，不满足方案设计要求）；未按规定对作业人员进行安全技术交底和安全培训教育，未及时发现和消除事故隐患；在未下达混凝土浇捣令的情况下，擅自组织屋面构架施工。
5. 未按设计图纸施工。
6. 日常监理不到位。

本条隐患判定的主要依据如下：

（1）《水利工程建设安全生产管理规定》（水利部令第 26 号）

第二十四条　施工单位在使用施工起重机械和整体提升脚手架、模板等自升式架设设施前，应当组织有关单位进行验收，也可以委托具有相应资质的检验检测机构进行验收；使用承租的机械设备和施工机具及配件的，由施工总承包单位、分包单位、出租单位和安装单位共同进行验收。验收合格的方可使用。

（2）《水利水电工程施工安全管理导则》（SL 721—2015）

7.3.11　危险性较大的单项工程合格后，监理单位或施工单位应组织有关人员进行验收。验收合格的，经施工单位技术负责人及总监理工程师签字后，方可进行后续工程施工。

正确做法示例

混凝土模板工程验收表

工程名称	XX 泵闸工程		
总承包单位	XX 水利工程建设有限公司	项目负责人	XXX
专业承包单位	XX 工程公司	项目负责人	XXX
施工执行标准及编号：XXX			
验收部位	XXX	安装日期	2024 年 X 月 X 日
立柱材料和规格	XX		
模板材料和规格	XX	层高/m	X

序号	检查项目	检查内容与要求	验收结果
1	安全施工方案	搭设高度 5m 及以上；搭设跨度 10m 及以上；施工总荷载 10kN/m² 及以上；集中线荷载 15kN/m 及以上；高度大于支撑水平投影宽度且相对独立无联系构件的，搭设前必须编制专项方案，审批手续完备	符合要求
		搭设高度 8m 及以上；搭设跨度 18m 及以上；施工总荷载 15kN/m² 及以上；集中线荷载 20kN/m 及以上须有专家论证报告，审批手续完备	符合要求
		根据混凝土输送方法制定有针对性的安全技术措施	符合要求
2	立柱、水平拉杆与剪刀撑	梁和板的立柱，其纵横向间距应相等或成倍数	符合要求
		钢管立柱底部应设垫木和底座，顶部应设可调支托，U 形支托与楞梁两侧间如有间隙，必须楔紧，其螺杆伸出钢管顶部不得大于 200mm，螺杆外径与立柱钢管内径的间隙不得大于 3mm，安装时应保证上下同心	符合要求
		在立柱底距地面 200mm 高处，沿纵横水平方向应按纵下横上的程序设扫地杆。可调支托底部的立柱顶端应沿纵横向设置一道水平拉杆。扫地杆与顶部水平拉杆之间的间距，在满足模板设计所确定的水平拉杆步距要求条件下，进行平均分配确定步距后，在每一步距处纵横向应各设一道水平拉杆；当层高在 8～20m 时，在最顶步距两水平拉杆中间应加设一道水平拉杆，当层高大于 20m 时，在最顶两步距水平拉杆中间应分别增加一道水平拉杆。所以水平拉杆的端部均应与四周建筑物顶紧顶牢。无处可顶时，应在水平拉杆端部和中部沿竖向设置连续式剪刀撑	符合要求
		木立柱的扫地杆、水平拉杆、剪刀撑应采用 400mm×50mm 木条或 25mm×80mm 的木板条与木立柱钉牢。钢管立柱的扫地杆、水平拉杆、剪刀撑用扣件与钢筋立柱扣牢。木扫地杆、水平拉杆、剪刀撑应采用搭接，并应采用铁钉钉牢。钢管扫地杆、水平拉杆应采用对接，剪刀撑应采用搭接，搭接长度不得小于 500mm，并应采用 2 个旋转扣件分别在离杆端不小于 100mm 处进行固定	符合要求
		钢管规格、间距、扣件应符合设计要求。每根立柱底部应设置底座及垫板，垫板厚度不得小于 50mm	符合要求
		钢管支架立柱间距、扫地杆、水平拉杆、剪刀撑的设置应符合方案及 JGJ 162《建筑施工模板安全技术规范》第 6.1.9 条的规定。当立柱底部不在同一高度时，高处的纵向扫地杆应向低处延长不少于 2 跨，高低差不得大于 1m，立柱距边坡上方边缘不得小于 0.5m	符合要求

40

表 E.0.3-35(续)

序号	检查项目	检查内容与要求	验收结果
2	立柱、水平拉杆与剪刀撑	立柱接长严格搭接，必须采用对接扣件连接，相邻两立柱的对接接头不得在同步内，且对接接头沿竖向错开的距离不宜小于 500mm，各接头中心距主节点不宜大于步距的 1/3	符合要求
		严禁将上段的钢管立柱与下段钢管立柱错开固定在水平拉杆上	符合要求
		满堂模板和模板支架立柱，在外侧周圈应设由下至上的竖向连续式剪刀撑；中间在纵横向应每隔 10m 左右设由下至上的竖向连续式剪刀撑，其宽度宜为 4～6m，并在剪刀撑部位的顶部、扫地杆处设置水平剪刀撑且底端应与地面顶紧，夹角宜为 45°～60°。当建筑层高在 8～20m 时，除应满足上述规定外，还应在纵横向相邻的两竖向连接式剪刀撑之间增加之字斜撑，在有水平剪刀撑的部位，应在每个剪刀撑中间处增加一道水平剪刀撑。当建筑层高超过 20m 时，在满足以上规定的基础上，应将所有之字斜撑全部改为连续式剪刀撑	符合要求
		当支架立柱高度超过 5m 时，应在立柱周圈外侧和中间有结构柱的部位，按水平间距 6～9m，竖向间距 2～3m，与建筑结构设置一个固结点	符合要求
3	作业环境	模板及其支架在安装过程中，必须设置有效防倾覆的临时固定设施	符合要求
		高支模施工现场应搭设工作梯、作业人员不得爬支模上下	符合要求
		高支模上高空临边有足够操作平台和安全防护	符合要求
		作业面临边防护及孔洞封严措施应到位	符合要求
		垂直交叉作业上下应有隔离防护措施	符合要求
4	其他	……	
验收结论	验收合格，同意进入下一道工序施工。 验收日期：2024 年 X 月 X 日		
参加验收人员	总承包单位： 专项方案编制人：XXX 项目技术负责人：XXX 项目负责人：XXX （项目章）	专业承包单位： 专项方案编制人：XXX 项目技术负责人：XXX 项目负责人：XXX （项目章）	监理单位： 专业监理工程师： XXX 总监理工程师： XXX

说明：本表一式　份，由施工单位填写，施工单位、监理机构各一份。

41

图 1.2-18　混凝土模板工程验收表

知识拓展

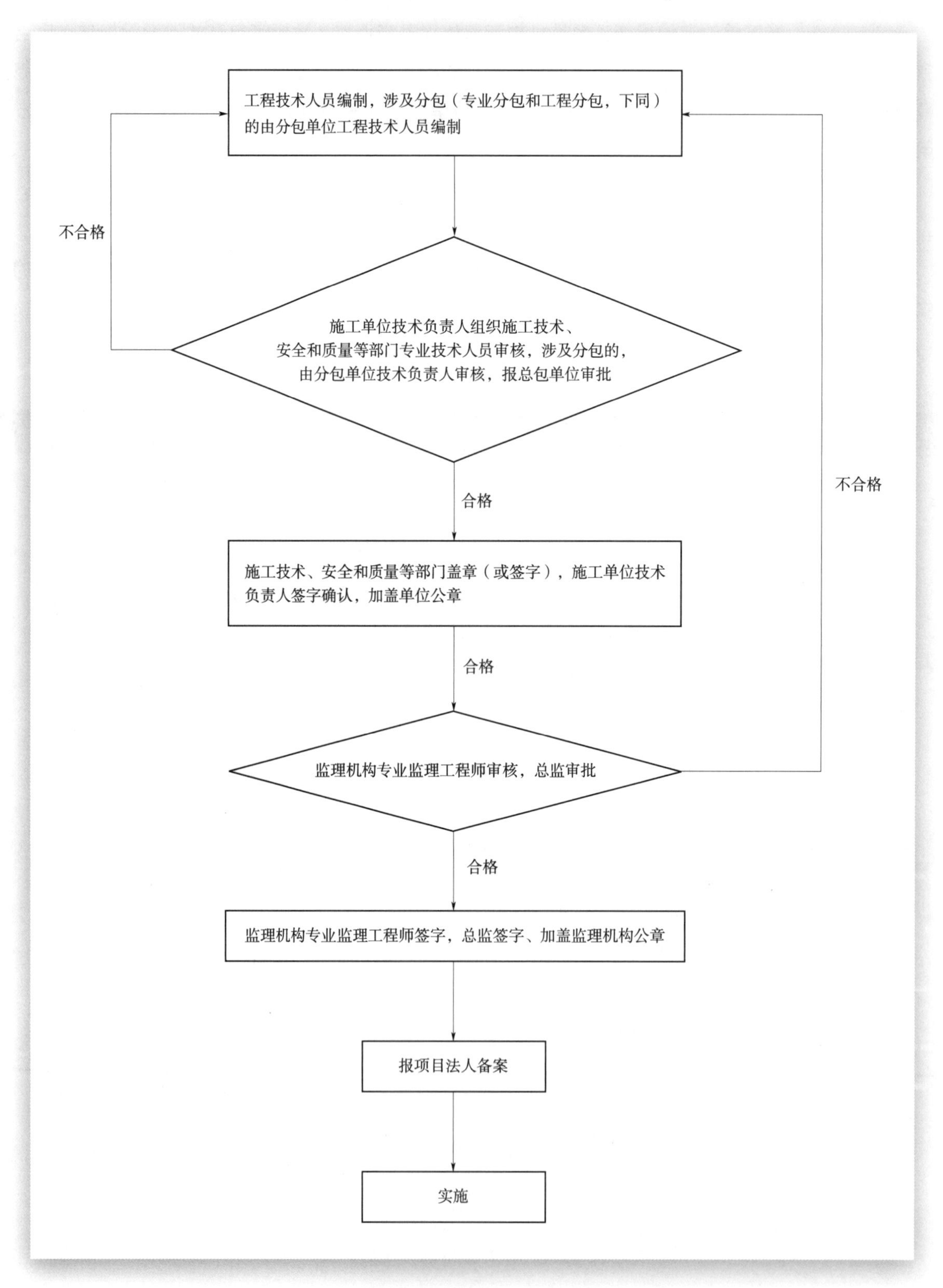

图 1.2-19　达到一定规模的危险性较大的单项工程专项施工方案管理程序

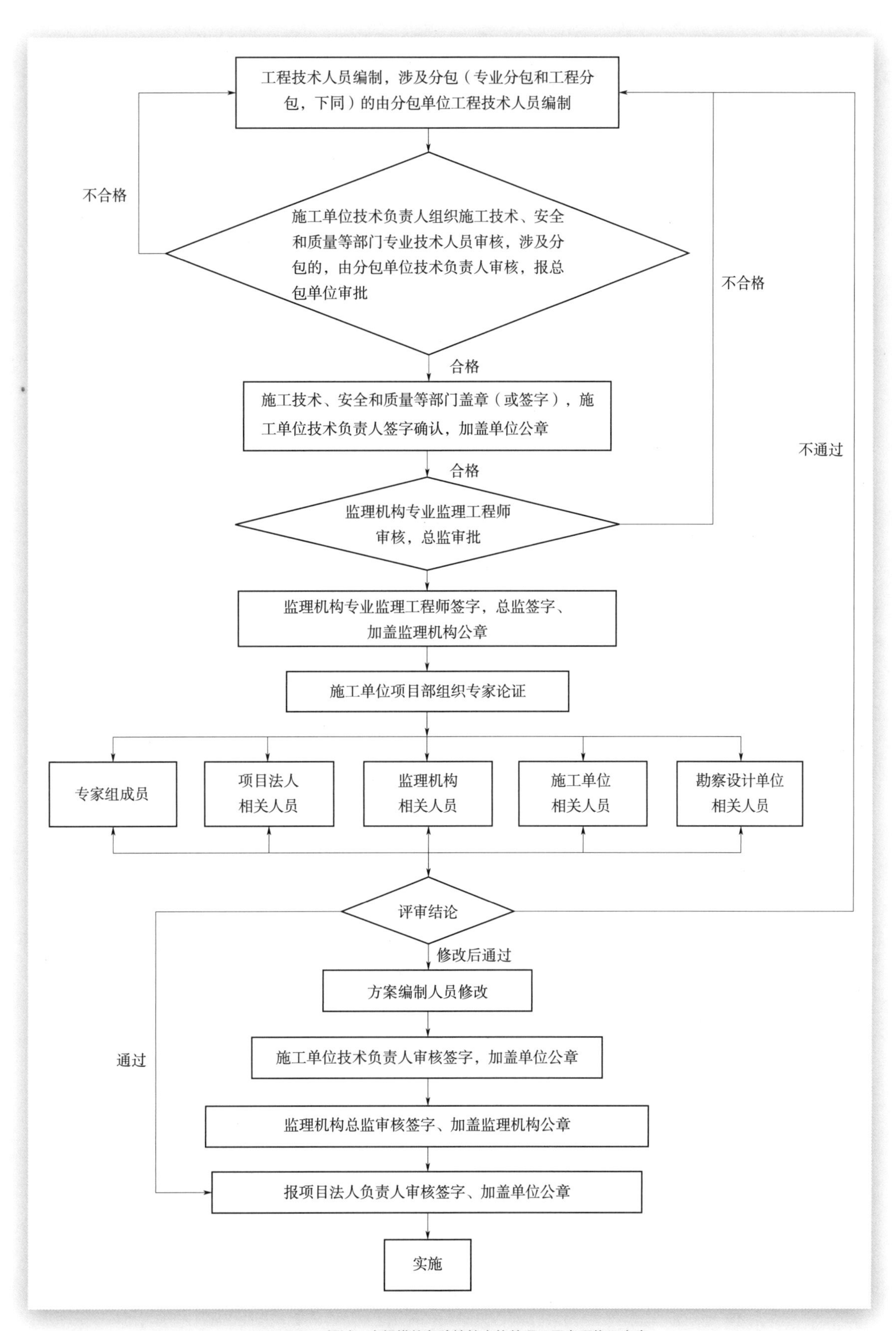

图 1.2-20　**超过一定规模的危险性较大的单项工程专项施工方案**

第 2 章

临时工程重大事故隐患

2.1 营地及施工设施建设（SJ-J003）

隐患条文 施工工厂区、施工（建设）管理及生活区、危险化学品仓库布置在洪水、雪崩、滑坡、泥石流、塌方及危石等危险区域。

事故案例

某工地山体滑坡事故

2016 年 5 月 8 日，强降雨造成某地爆发大型自然灾害泥石流，泥石流冲毁了某水电厂扩建工程施工单位生活营地和厂区办公大楼，死亡和失联人数 36 人。

图 2.1-1　山体滑坡事故现场鸟瞰图

图 2.1-2　泥石流冲毁了某水电厂扩建工程施工单位生活营地和厂区办公大楼

判定隐患

图 2.1-3　施工（建设）管理及生活区设置于危石区域

本条隐患判定的主要依据如下：

（1）《建设工程安全生产管理条例》（国务院令第 393 号）

第二十九条　（节选）施工单位应当将施工现场的办公、生活区与作业区分开设置，并保持安全距离；办公、生活区的选址应当符合安全性要求。

（2）《水利水电工程施工安全防护设施技术规范》（SL 714—2015）

3.1.3　施工现场的各种施工设施、管道线路等，应符合防洪、防火、防爆、防强风、防雷击、防砸、防坍塌及职业卫生等要求。

3.4.1　施工用各种库房、加工车间、临时宿舍及办公用房等临建设施，应布置在不受山洪、江洪、滑坡、塌方及危石等威胁的区域，基础坚固，稳定性好，周围排水畅通。建筑物设计应符合 GB 50016 的规定。

正确做法示例

图 2.1-4　施工工厂区、施工（建设）管理及生活区布置在安全区域

2.2 临时设施（SJ-J004）

宿舍、办公用房、厨房操作间、易燃易爆危险品库等消防重点部位安全距离不符合要求且未采取有效防护措施。

判定隐患

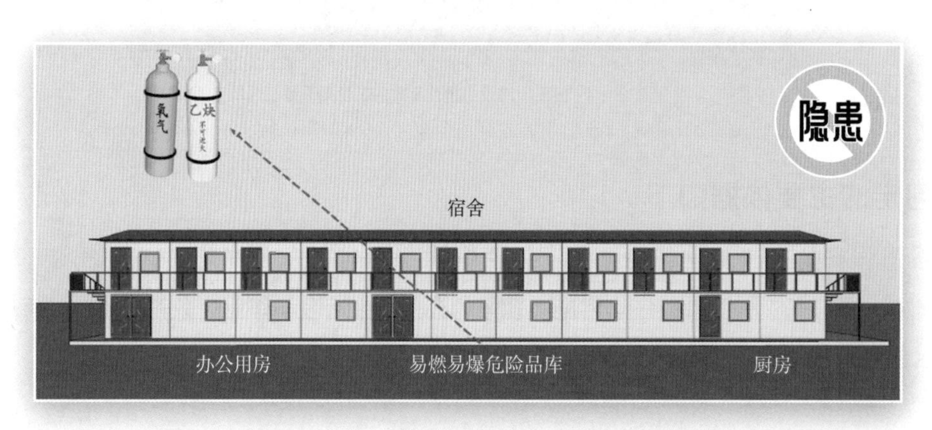

图 2.2-1　氧气、乙炔气瓶仓库设在办公用房及宿舍楼内

事故案例

某公司仓库违规储存危险化学品且紧邻员工宿舍隐患入刑！

——首例警示函发布

2021 年 3 月 8 日上午，某应急管理局执法人员对某公司进行执法检查。执法人员发现仓库里堆放了大量危险化学品，经现场清点，内有满瓶二氧化碳、氧气、乙炔、混合气体、氮气等气瓶共计 176 瓶。

该仓库紧邻公司员工宿舍楼搭设，宿舍楼里住着数十位工人，一旦发生爆炸，后果不堪设想。经现场询问得知，上述气瓶属某气体有限公司，该仓库用于储存经营危险化学品。

但经执法人员核查，该公司未取得储存设施《危险化学品经营许可证》，且该仓库不具备存放危险化学品的安全条件。执法人员当即依法开具了现场处理措施决定书，责令该公司立即停止储存危险化学品，对现场气瓶进行异地扣押。

随后，某应急管理局与当地公安分局积极对接，经过立案侦查，当地公安分局于 3 月 9 日晚对犯罪嫌疑人余某某涉嫌以危险作业罪进行刑事拘留。6 月 9 日，某区人民法院开庭宣判，涉事企业负责人余某某犯危险作业罪被判处有期徒刑 6 个月，缓刑 1 年。

本案是《刑法修正案（十一）》自2021年3月1日起施行以来，应急管理部门以涉嫌危险作业罪移送司法机关处理的首起案件，对宣传安全生产“防患于未然”具有重要的现实意义。

图 2.2-2 员工宿舍与易燃易爆品仓库安全距离不符合要求且未采取有效防护措施示意图

本条隐患判定的主要依据如下：

（1）《水利水电工程施工通用安全技术规程》（SL 398—2007）

3.2.2 （节选）生产、生活、办公区和危险化学品仓库的布置，应遵守下列规定：

4 生产车间，生活、办公房屋，仓库的间距应符合防火安全要求。

（2）《建设工程施工现场消防安全技术规范》（GB 50720—2011）

3.1.4 施工现场临时办公、生活、生产、物料存贮等功能区宜相对独立布置，防火间距应符合本规范第3.2.1条和第3.2.2条规定。

3.1.5 固定动火作业场应布置在可燃材料堆场及其加工场、易燃易爆危险品库房等全年最小频率风向的上风侧；并宜布置在临时办公用房、宿舍、可燃材料库房、在建工程等全年最小频率风向的上风侧。

3.1.6 易燃易爆危险品库房应远离明火作业区、人员密集区和建筑物相对集中区。

3.1.7 可燃材料堆场及其加工场、易燃易爆危险品库房不应布置在架空电力线下。

3.2.1 易燃易爆危险品库房与在建工程的防火间距不应小于15m，可燃材料堆场及其加工场、固定动火作业场与在建工程的防火间距不应小于10m，其他临时用房、临时设施与在建工程的防火间距不应小于6m。

3.2.2 施工现场主要临时用房、临时设施的防火间距不应小于表3.2.2的规定，当办公用房、宿舍成组布置时，其防火间距可适当减小，但应符合下列规定：

1 每组临时用房的栋数不应超过10栋，组与组之间的防火间距不应小于8m；

2 组内临时用房之间的防火间距不应小于3.5m；当建筑构件燃烧性能等级为A级时，其防火间距可减少到3m。

表 3.2.2　施工现场主要临时用房、临时设施的防火间距

单位：m

名称	办公用房、宿舍	发电机房、变配电房	可燃材料库房	厨房操作间、锅炉房	可燃材料堆场及其加工场	固定动火作业场	易燃易爆危险品库房
办公用房、宿舍	4	4	5	5	7	7	10
发电机房、变配电房	4	4	5	5	7	7	10
可燃材料库房	5	5	5	5	7	7	10
厨房操作间、锅炉房	5	5	5	5	7	7	10
可燃材料堆场及其加工场	7	7	7	7	7	10	10
固定动火作业场	7	7	7	7	10	10	12
易燃易爆危险品库房	10	10	10	10	10	12	12

注　1. 临时用房、临时设施的防火间距应按临时用房外墙外边线或堆场、作业场、作业棚边线间的最小距离计算，当临时用房外墙有突出可燃构件时，应从其突出可燃构件的外缘算起。

2. 两栋临时用房相邻较高一面的外墙为防火墙时，防火间距不限。

3. 本表未规定的，可按同等火灾危险性的临时用房、临时设施的防火间距确定。

4.2.3　其他防火设计应符合下列规定：

1 宿舍、办公用房不应与厨房操作间、锅炉房、变配电房等组合建造；

2 会议室、文化娱乐室等人员密集的房间应设置在临时用房的第一层，其疏散门应向疏散方向开启。

（3）《城镇燃气设计规范》（GB 50028—2006）（2020 版）

10.2.8　（节选）室内燃气管道采用软管时，应符合下列规定：

5 软管与家用燃具连接时，其长度不应超过 2m，并不得有接口。

7 软管与管道、燃具的连接处应采用压紧螺帽（锁母）或管卡（喉箍）固定。在软管的上游与硬管的连接处应设阀门。

8 橡胶软管不得穿墙、顶棚、地面、窗和门。

正确做法示例

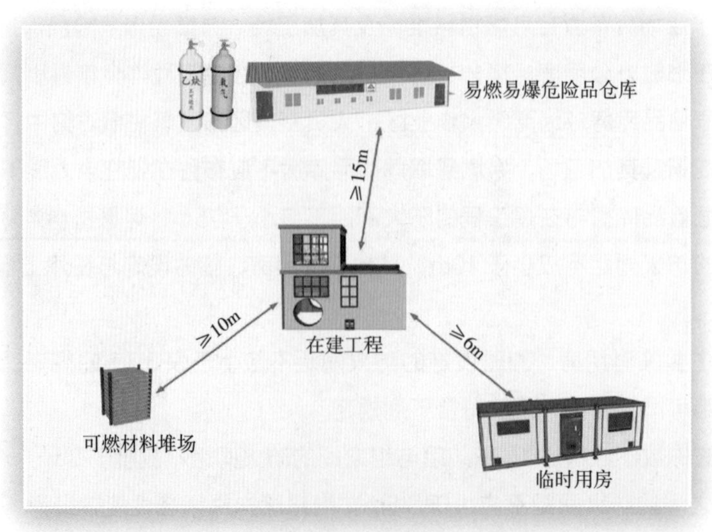

图 2.2-3　防火间距

知识拓展

《建设工程施工现场消防安全技术规范》（GB 50720—2011）

4.2.3 其他防火设计应符合下列规定：

1 宿舍、办公用房不应与厨房操作间、锅炉房、变配电房等组合建造。

2 会议室、文化娱乐室等人员密集的房间应设置在临时用房的第一层，其疏散门应向疏散方向开启。

[条文说明] 施工现场的临时用房较多，且其布置受现场条件制约多，不同使用功能的临时用房可按以下规定组合建造。组合建造时，两种不同使用功能的临时用房之间应采用不燃材料进行防火分隔，其防火设计等级应以防火设计等级要求较高的临时用房为准。

1 现场办公用房、宿舍不应组合建造。如现场办公用房与宿舍的规模不大，两者的建筑面积之和不超过 $300m^2$，可组合建造。

2 发电机房、变配电房可组合建造。

3 厨房操作间、锅炉房可组合建造。

4 会议室与办公用房可组合建造。

5 文化娱乐室、培训室与办公用房或宿舍可组合建造。

6 餐厅与办公用房或宿舍可组合建造。

7 餐厅与厨房操作间可组合建造。

施工现场人员较为密集的房间包括会议室、文化娱乐室、培训室、餐厅等，其房间门应朝疏散方向开启，以便于人员紧急疏散。

宿舍、办公用房、厨房操作间、易燃易爆危险品库等建筑构件的燃烧性能等级未达到 A 级；
宿舍、办公用房采用金属夹芯板材时，其芯材的燃烧性能等级未达到 A 级。

事故案例

某水利工程营地“10 · 10”火灾事故

2012 年 10 月 10 日 5 时 30 分，某工地一彩钢板（芯材为聚苯乙烯）临时用房发生火灾，起火至建筑倒塌仅 6 分钟，造成 13 人死亡、24 人受伤。

起火建筑为一幢 3 层彩钢板结构活动板房，临时建筑，总建筑面积约为 1400 m^2，有 173 张床位。在安全疏散通道设置、灭火器材配置、临时消防设施设置等诸多方面，都严重违反了《建设工程施工现场消防安全技术规范》（GB 50720—2011）的规定要求。

图 2.2-4　火灾事故现场示意图

事故主要原因：

1. 施工现场临时用房、临时设施之间的防火间距不足。
2. 临时用房建筑构件的燃烧性能等级和耐火等级不符合《建设工程施工现场消防安全技术规范》（GB 50720—2011）要求。
3. 未按标准配置灭火器。
4. 未设置临时室外消防给水。
5. 现场线路私接乱拉，宿舍内使用电炉子、千瓦棒等大功率电器和灯具，用电不符合要求。

本条隐患判定的主要依据如下：

（1）《建筑防火通用规范》（GB 55037—2022）

11.0.3　建筑施工现场的临时办公用房与生活用房、发电机房、变配电站、厨房操作间、锅炉房和可燃材料与易燃易爆物品库房，当围护结构、房间隔墙和吊顶采用金属夹芯板材时，芯材的燃烧性能应为 A 级。

（2）《建设工程施工现场消防安全技术规范》（GB 50720—2011）

4.2.1　（节选）宿舍、办公用房的防火设计应符合下列规定：

1　建筑构件的燃烧性能等级应为 A 级。当采用金属夹芯板材时，其芯材的燃烧性能等级应为 A 级。

（3）《水利水电工程施工安全管理导则》（SL 721—2015）

7.4.4　各参建单位的宿舍、办公室、休息室建筑构件的燃烧性能等级应为 A 级；室内严禁存放易燃易爆物品，严禁乱拉乱接电线，未经许可不得使用电炉；利用电热设施的车间、办公室及宿舍，电热设施应有专人负责管理。

正确做法示例

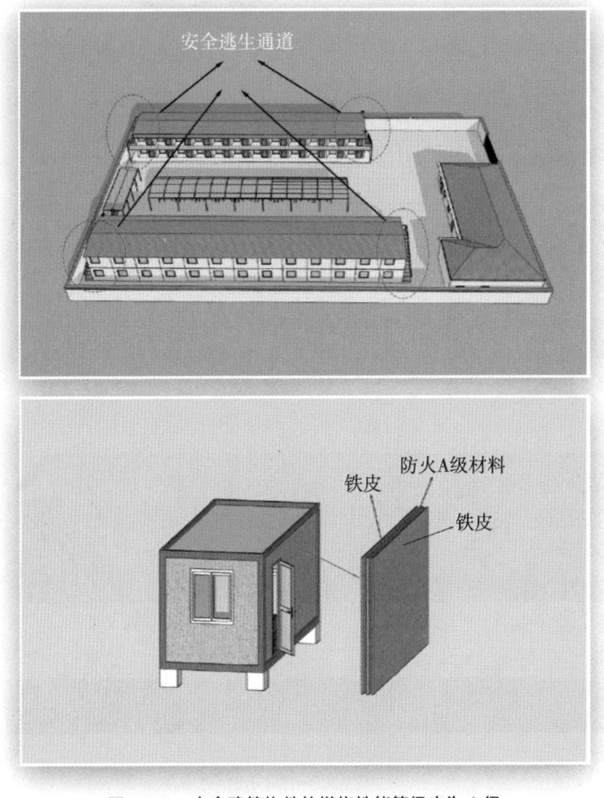

图 2.2-5　宿舍建筑构件的燃烧性能等级应为 A 级

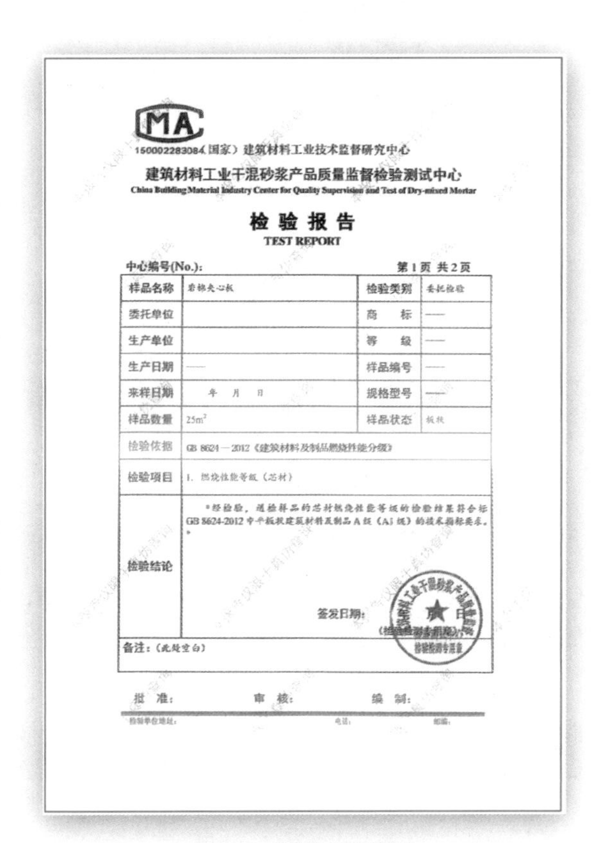

CMA

150002283084（国家）建筑材料工业技术监督研究中心

建筑材料工业干混砂浆产品质量监督检验测试中心

China Building Material Industry Center for Quality Supervision and Test of Dry-mixed Mortar

检验报告

TEST REPORT

中心编号(No.):　　　　第1页 共2页

样品名称	岩棉夹心板	检验类别	委托检验
委托单位		商　标	——
生产单位		等　级	——
生产日期	——	样品编号	——
来样日期	年　月　日	规格型号	——
样品数量	25m²	样品状态	板状
检验依据	GB 8624—2012《建筑材料及制品燃烧性能分级》		
检验项目	1. 燃烧性能等级（芯材）		
检验结论	经检验，送检样品的芯材燃烧性能等级的检验结果符合标GB 8624-2012 中平板状建筑材料及制品 A 级（A1 级）的技术指标要求。 签发日期：		
备注：（此处空白）			

批　准：　　审　核：　　编　制：

检验单位地址：　　电话：　　邮编：

图 2.2-6　建筑构件检验报告

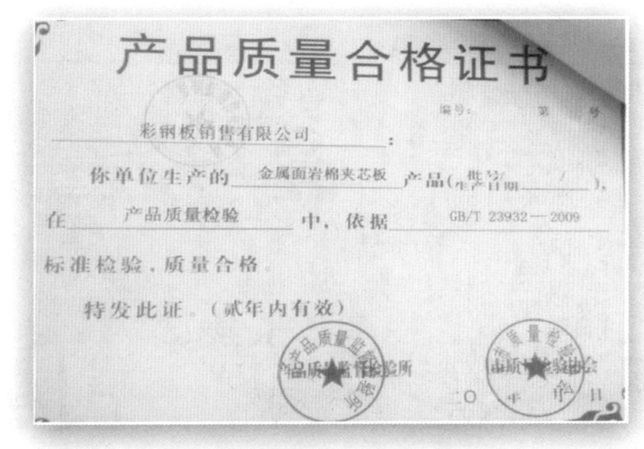

产品质量合格证书

编号：　　第　　号

彩钢板销售有限公司：

你单位生产的 金属面岩棉夹芯板 产品（批号/生产日期），在 产品质量检验 中，依据 GB/T 23932—2009 标准检验，质量合格。

特发此证。（贰年内有效）

图 2.2-7　建筑构件产品质量合格证书

知识拓展

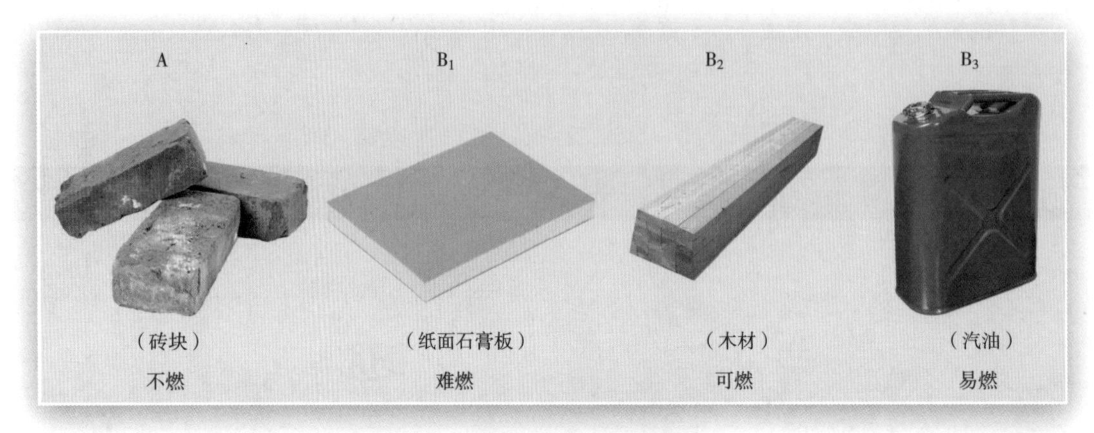

图 2.2-8　**建筑材料及制品的燃烧性能等级**

2.3　围堰工程（SJ-J005）

围堰不符合规范和设计要求。

判定隐患

图 2.3-1　**钢管桩围堰不符合设计要求导致倾斜严重，基坑进水**

图 2.3-2　钢板桩围堰不符合设计要求围檩局部拉断

图 2.3-3　施工围堰与建筑物安全距离不满足规范要求

本条隐患判定的主要依据如下：

（1）《水利水电工程围堰设计规范》（SL 645—2013）

4.1.1　围堰型式应根据施工导流方案、地形地质条件、建筑材料来源、施工进度要求及施工资源配置等在土石围堰、混凝土围堰及其他型式围堰中选择。

4.1.2　围堰型式应通过比较选定。当地材料丰富时，宜优先选用土石围堰。

5.1.1　围堰布置应符合下列要求：

1 满足围护建筑物布置及施工要求。

2 满足堰体与岸坡或其他建筑物的连接要求。

3 围堰背水侧坡脚与围护建筑物基础开挖边坡开口线的距离，应满足堰基和基础开挖边坡的稳定要求。

4 满足水力条件及防冲要求。

5 宜利用有利地形、地质条件，减少围堰及堰基处理工程量。

6 宜避开两岸溪沟水流汇入基坑，避免溪沟水流对围堰造成危害性冲刷；无法避开时，应采取相应措施。

5.2.1　围堰迎水面坡脚距导流泄水建筑物进、出口的距离，应满足围堰坡脚防冲要求。

5.2.2　围堰轴线应根据地形、地质条件、水力条件、围护建筑物型式、围堰工程量及施工条件等因素综合确定，宜直线或折线布置，不宜反拱布置。

6.1.3　围堰结构应满足稳定、防渗和抗冲要求。

6.2.2　堰顶宽度应满足施工和防汛抢险要求，土石围堰宜为 4~12m，混凝土和浆砌石围堰宜为 3~7m。

6.2.9　土石围堰防渗体与混凝土建筑物或两岸岸坡基岩的连接，可采用扩大防渗体断面、插入式或其他型式。

（2）《水利水电工程施工组织设计规范》（SL 303—2017）

2.4.20　不过水围堰堰顶高程和堰顶安全加高值应符合下列规定：

1 堰顶高程应不低于设计洪水的静水位与波浪高度及堰顶安全加高值之和，其堰顶安全加高应不低于表 2.4.20 的规定值。

2 土石围堰防渗体顶部在设计洪水静水位以上的加高值：斜墙式防渗体为 0.8~0.6m；心墙式防渗体为 0.6~0.3m。3 级土石围堰的防渗体顶部应预留完工后的沉降超高。

3 考虑涌浪或折冲水流影响，当下游有支流顶托时，应组合各种流量顶托情况，校核围堰堰顶高程。

4 形成冰塞、冰坝的河流应考虑其造成的壅水高度。

表 2.4.20 不过水围堰堰顶安全加高下限值

单位：m

围堰型式	围堰级别	
	3 级	4~5 级
土石围堰	0.7	0.5
混凝土围堰、浆砌石围堰	0.4	0.3

2.4.21 过水围堰堰顶高程宜按静水位加波浪高度确定，不应另加堰顶安全加高值。

正确做法示例

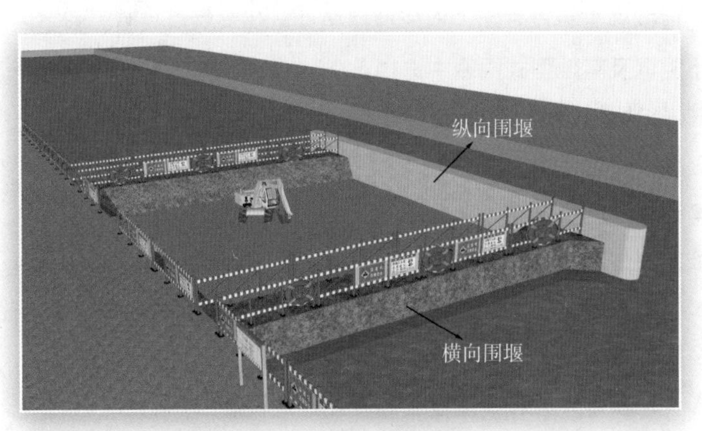

图 2.3-4 分期导流围堰示意图

知识拓展

《水利水电工程围堰设计规范》（SL 645—2013）

5.2.1 围堰迎水面坡脚距导流泄水建筑物进、出口的距离，应满足围堰坡脚防冲要求。

[条文说明] 上、下游横向围堰迎水坡脚距导流泄水建筑物进出口的距离，通常为：距导流泄水建筑物进口，混凝土围堰为 10~30m，土石围堰为 30~50m；距导流泄水建筑物出口，混凝土围堰为 30~50m，土石围堰为 50~100m，以防止导流泄水建筑物泄流对围堰坡脚造成危害性冲刷。

围堰位移及渗流量超过设计要求，且无有效管控措施。

判定隐患

图 2.3-5　钢板桩围堰位移超过设计要求且无有效管控措施

事故案例

某水电站围堰发生垮塌事故

2004 年 5 月 27 日某在建水利枢纽工程大坝上游围堰被洪水冲垮。

图 2.3-6　水电站围堰垮塌事故现场

事故主要原因：

1. 围堰位移及渗流量超过设计要求。
2. 施工单位对施工围堰日常监测频次不符合围堰专项施工方案规定。
3. 施工单位在围堰出现位移及渗流量超过设计要求时未及时采取加固等有效措施。
4. 本次洪水过程超过施工期 10 年一遇设计度汛标准。

本条隐患判定的主要依据如下：

（1）《水利水电工程围堰设计规范》（SL 645—2013）

8.0.3 围堰安全监测宜设置下列外部监测项目：

1 堰体垂直位移和水平位移。

2 围堰渗流量。

（2）《水利水电工程施工通用安全技术规程》（SL 398—2007）

3.7.5 防汛期间，应组织专人对围堰、子堤等重点防汛部位巡视检查，观察水情变化，发现险情，及时进行抢险加固或组织撤离。

正确做法示例

图 2.3-7 围堰位移监测示意图

表 2.3-1 围堰水平位移、垂直位移监测记录表（示例）

<table>
<tr><th rowspan="2">点号</th><th colspan="4">（内）水平位移</th><th colspan="4">（外）水平位移</th><th colspan="4">垂直位移</th><th rowspan="2">备注</th></tr>
<tr><th>本次测试值/mm</th><th>单次变化量/mm</th><th>累计变化量/mm</th><th>变化速率/（mm/d）</th><th>本次测试值/mm</th><th>单次变化量/mm</th><th>累计变化量/mm</th><th>变化速率/（mm/d）</th><th>本次测试值/mm</th><th>单次变化量/mm</th><th>累计变化量/mm</th><th>变化速率/（mm/d）</th></tr>
<tr><td></td><td></td><td></td><td></td><td></td><td></td><td></td><td></td><td></td><td></td><td></td><td></td><td></td><td></td></tr>
<tr><td></td><td></td><td></td><td></td><td></td><td></td><td></td><td></td><td></td><td></td><td></td><td></td><td></td><td></td></tr>
<tr><td></td><td></td><td></td><td></td><td></td><td></td><td></td><td></td><td></td><td></td><td></td><td></td><td></td><td></td></tr>
<tr><td></td><td></td><td></td><td></td><td></td><td></td><td></td><td></td><td></td><td></td><td></td><td></td><td></td><td></td></tr>
<tr><td></td><td></td><td></td><td></td><td></td><td></td><td></td><td></td><td></td><td></td><td></td><td></td><td></td><td></td></tr>
<tr><td></td><td></td><td></td><td></td><td></td><td></td><td></td><td></td><td></td><td></td><td></td><td></td><td></td><td></td></tr>
<tr><td>工况</td><td colspan="5"></td><td colspan="8">当日监测的简要分析及判断性结论：</td></tr>
</table>

测量员： 技术负责人： 施工负责人： 监理工程师：

知识拓展

《水利水电工程围堰设计规范》（SL 645—2013）

8.0.3 围堰安全监测宜设置下列外部监测项目：

1 堰体垂直位移和水平位移。

2 围堰渗流量。

[条文说明]

1 围堰变形（垂直位移和水平位移）监测，在堰体顶部及坡面设置固定标点，监测其竖直方向及垂直围堰轴线的水平方向的位移变化。垂直位移监测可与水平位移监测配合进行。监测断面要选择在最大堰高、合龙地段、堰基地形地质条件变化较大处及堰体施工质量存在问题的地段。

2 渗流量监测，通常将堰体背水坡脚排水沟的渗水集中引入基坑内的集水坑，可在各排水沟分段设置量水堰进行监测，也可用基坑排水站的排水量推算围堰渗流量。

表 2.3-2 围堰级别划分

级别	保护对象	失事后果	使用年限 / 年	围堰工程规模	
				围堰高度 /m	库容 / 亿 m^3
3	有特殊要求的 1 级永久性水工建筑物	淹没重要城镇、工矿企业、交通干线或推迟工程总工期及第一台（批）机组发电，造成重大灾害和损失	> 3	> 50	> 1.0
4	1 级、2 级永久性水工建筑物	淹没一般城镇、工矿企业或影响工程总工期和第一台（批）机组发电，造成较大经济损失	1.5~3	15~50	0.1~1.0
5	3 级、4 级永久性水工建筑物	淹没基坑，但对总工期及第一台（批）机组发电影响不大，经济损失较小	< 1.5	< 15	< 0.1

注 1. 表列 4 项指标均按导流分期划分，保护对象一栏中所列永久性水工建筑物级别系按《水利水电工程等级划分及洪水标准》（SL 252）划分。
2. 有、无特殊要求的永久性水工建筑物均系针对施工期而言，有特殊要求的 1 级永久性水工建筑物系指施工期不应过水的土石坝及其他有特殊要求的永久性水工建筑物。
3. 使用年限系指围堰每一导流分期的工作年限，两个或两个以上导流分期共用的围堰，如分期导流一期、二期共用的纵向围堰，其使用年限不能叠加计算。
4. 围堰工程规模一栏中，围堰高度指挡水围堰最大高度，库容指堰前设计水位所拦蓄的水量，两者应同时满足。
5. 主要依据：《水利水电工程围堰设计规范》（SL 645—2013）。

表 2.3-3 围堰工程洪水标准（重现期）

单位：年

围堰类型	围堰工程级别		
	3 级	4 级	5 级
土石结构	50~20	20~10	10~5
混凝土、浆砌石结构	20~10	10~5	5~3

注 主要依据：《水利水电工程围堰设计规范》（SL 645—2013）。

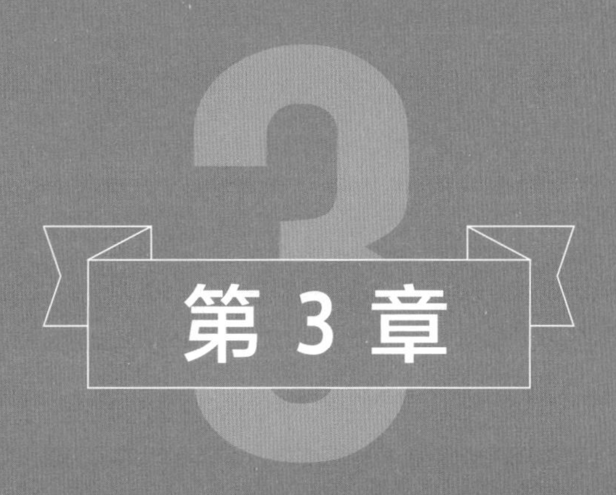

专项工程

重大事故隐患

3.1 临时用电（SJ-J006）

隐患条文

施工现场专用的电源中性点直接接地的低压配电系统未采用 TN-S 接零保护系统。

判定隐患

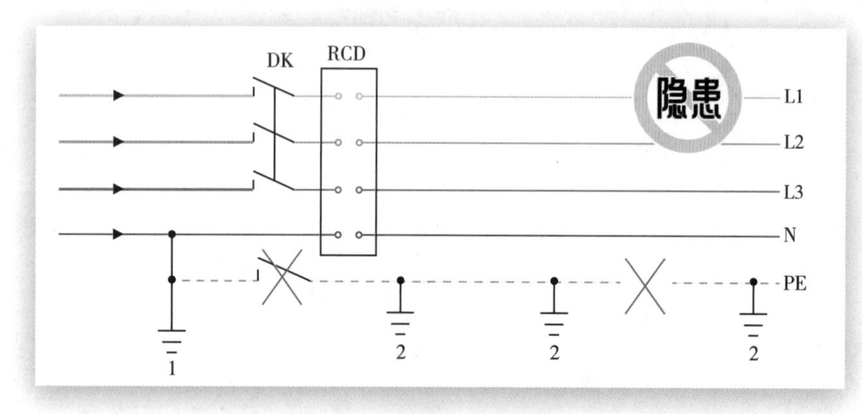

图 3.1-1 保护零线上违规设置开关

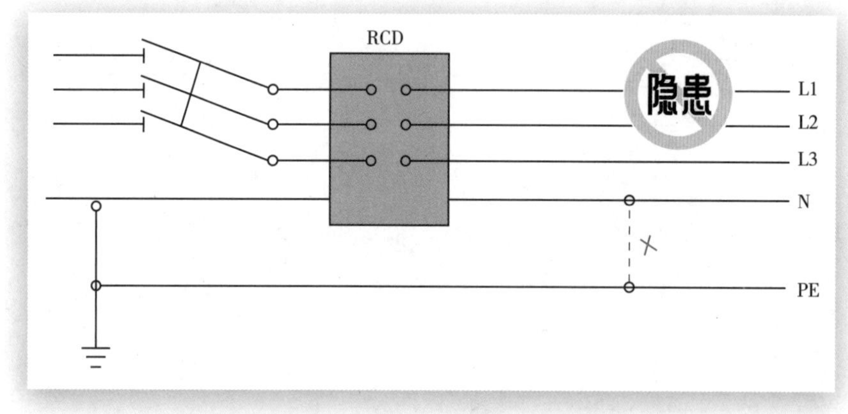

图 3.1-2 通过总漏电保护器的工作零线与保护零线做电气连接

本条隐患判定的主要依据如下：

《水利水电工程施工通用安全技术规程》（SL 398—2007）

4.2.1 （节选）施工现场专用的中性点直接接地的电力线路中应采用 TN-S 接零保护系统，并应遵守以下规定：

1 电气设备的金属外壳应与专用保护零线（简称保护零线）连接。保护零线应由工作接地线、配电室的零线或第一级漏电保护器电源侧的零线引出。

2 当施工现场与外电线路共用同一个供电系统时，电气设备应根据当地的要求作保护接零，或作保护接地。不得一部分设备作保护接零，另一部分设备作保护接地。

5 施工现场的电力系统严禁利用大地作相线或零线。

6 保护零线不应装设开关或熔断器。保护零线应单独敷设，不作它用。重复接地线应与保护零线相接。

8 保护零线的截面，应不小于工作零线的截面，同时应满足机械强度要求，保护零线的统一标志为绿 / 黄双色线。

正确做法示例

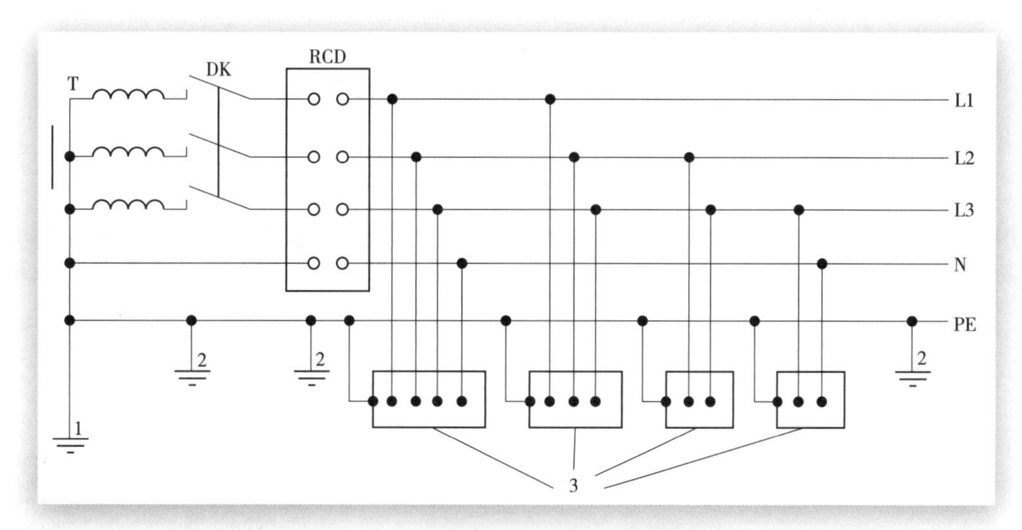

图 3.1-3 专用变压器供电时 TN-S 接零保护系统

1—工作接地；2—PE 线重复接地；3—电气设备金属外壳（正常不带电的外露可导电部分）；L1、L2、L3—相线；N—工作零线；PE—保护零线；DK—总电源隔离开关；RCD—总漏电保护器（兼有短路、过载、漏电保护功能的漏电断路器）；T—变压器

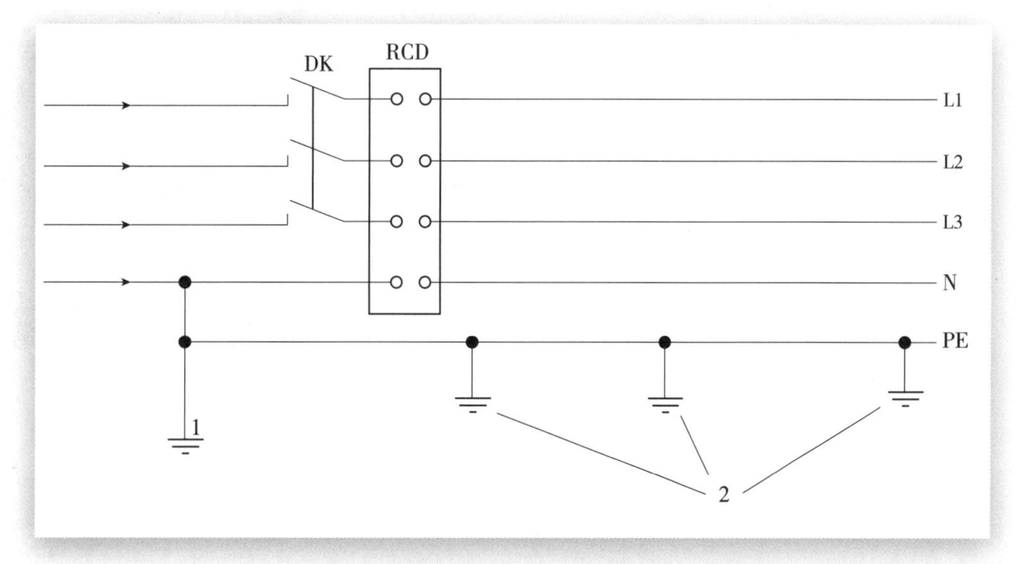

图 3.1-4 三相四线供电时局部 TN-S 接零保护系统保护零线引出

1—NPE 线重复接地；2—PE 线重复接地；L1、L2、L3—相线；N—工作零线；PE—保护零线；DK—总电源隔离开关；RCD—总漏电保护器（兼有短路、过载、漏电保护功能的漏电断路器）

发电机组电源未与其他电源互相闭锁，并列运行。

本条隐患判定的主要依据如下：

（1）《建设工程施工现场供用电安全规范》（GB 50194—2014）

4.0.4　发电机组电源必须与其他电源互相闭锁，严禁并列运行。

（2）《水利水电工程施工通用安全技术规程》（SL 398—2007）

4.3.5　（节选）电压为 400/230V 的自备发电机组，应遵守下列规定：

3　发电机组电源应与外电线路电源联锁，严禁并列运行。

正确做法示例

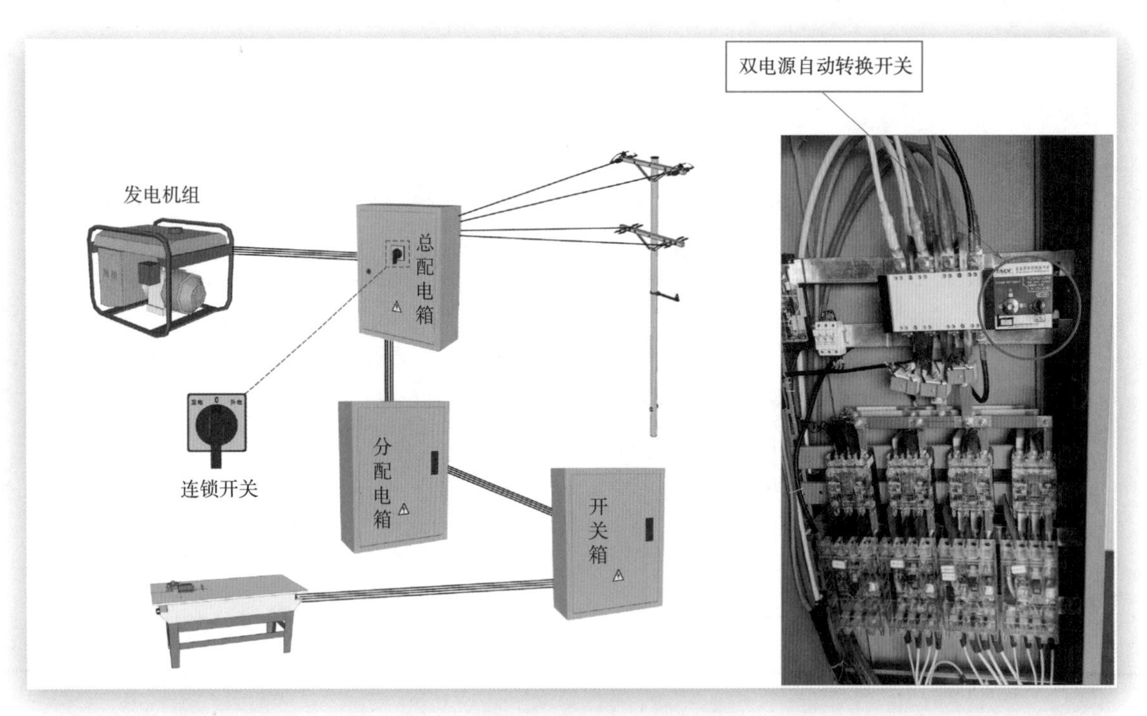

图 3.1-5　发电机组电源与外电线路电源闭锁

隐患条文

外电线路的安全距离不符合规范要求且未按规定采取防护措施。

判定隐患

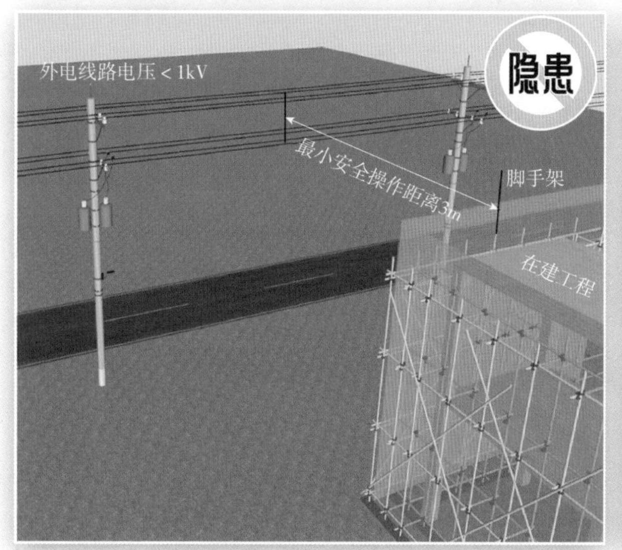

图 3.1-6　脚手架的外侧边缘与外电架空线路边线之间的最小安全操作距离不符合规范要求

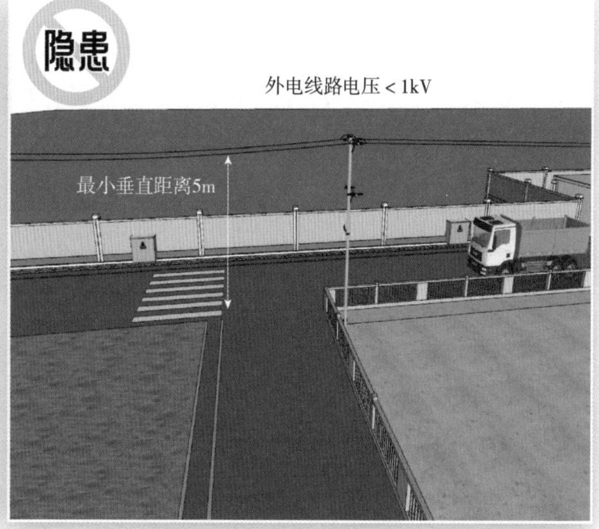

图 3.1-7　施工现场的机动车道与外电架空线路交叉时的最小垂直距离不符合规范要求

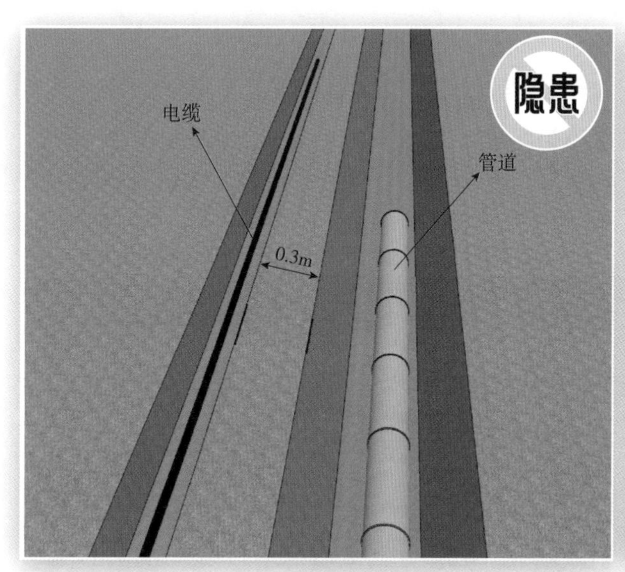

图 3.1-8　管道沟槽的边缘与埋地外电缆沟槽边缘之间的距离不符合规范要求

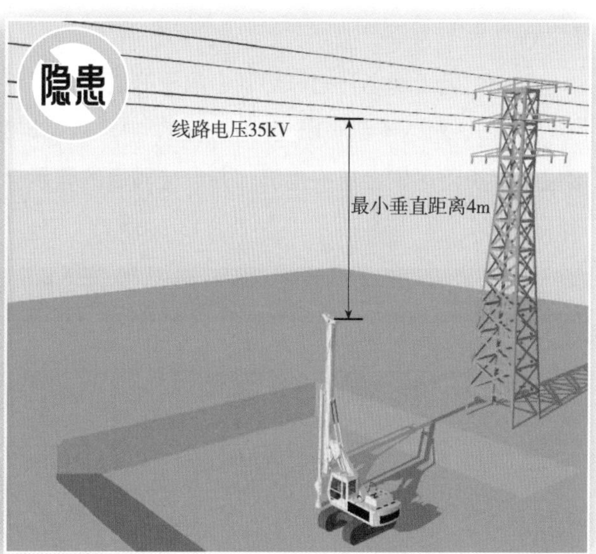

图 3.1-9　机械最高点与高压线间的最小垂直距离不符合规范要求

本条隐患判定的主要依据如下：

《水利水电工程施工通用安全技术规程》（SL 398—2007）

4.1.5　在建工程（含脚手架）的外侧边缘与外电架空线路的边线之间应保持安全操作距离。最小安全操作距离应不小于表 4.1.5 的规定。

表 4.1.5 在建工程（含脚手架）的外侧边缘与外电架空线路边线之间的最小安全操作距离

外电线路电压 /kV	< 1	1~10	35~110	154~220	330~500
最小安全操作距离 /m	4	6	8	10	15

注 上、下脚手架的斜道严禁搭设在有外电线路的一侧。

4.1.6 施工现场的机动车道与外电架空线路交叉时，架空线路的最低点与路面的垂直距离不应小于表 4.1.6 的规定。

表 4.1.6 施工现场的机动车道与外电架空线路交叉时的最小垂直距离

外电线路电压 /kV	< 1	1~10	35
最小垂直距离 /m	6	7	7

4.1.7 机械如在高压线下进行工作或通过时，其最高点与高压线之间的最小垂直距离不应小于表 4.1.7 的规定。

表 4.1.7 机械最高点与高压线间的最小垂直距离

线路电压 /kV	< 1	1~20	35~110	154	220	330
机械最高点与线路间的最小垂直距离 /m	1.5	2	4	5	6	7

4.1.8 旋转臂架式起重机的任何部位或被吊物边缘与 10kV 以下的架空线路边线最小水平距离不应小于 2m。

4.1.9 施工现场开挖非热管道沟槽的边缘与埋地外电缆沟槽边缘之间的距离不应小于 0.5m。

4.1.10 对达不到 4.1.5 条、4.1.6 条、4.1.7 条规定的最小距离的部位，应采取停电作业或增设屏障、遮栏、围栏、保护网等安全防护措施，并悬挂醒目的警示标志牌。

正确做法示例

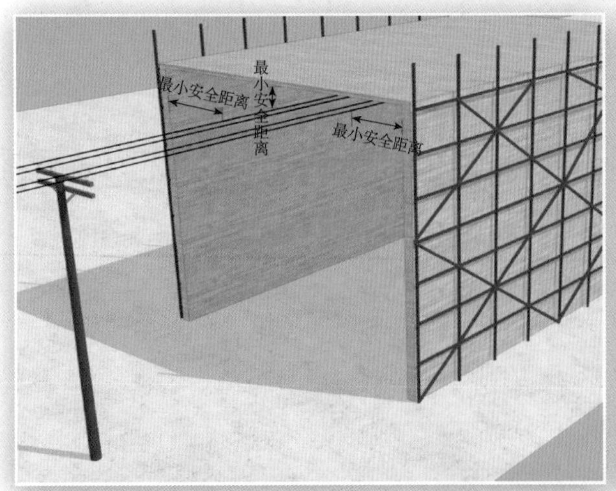

图 3.1-10 外电线路按规定采取防护措施示意图

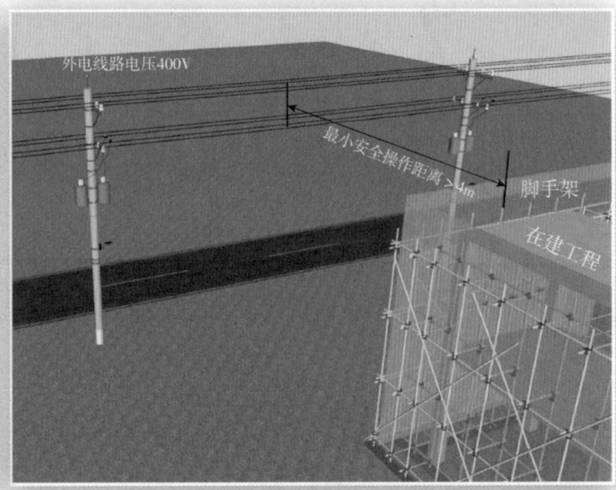

图 3.1-11 脚手架的外侧边缘与外电架空线路的线之间应保持安全操作距离示意图（按表 4.1.5）

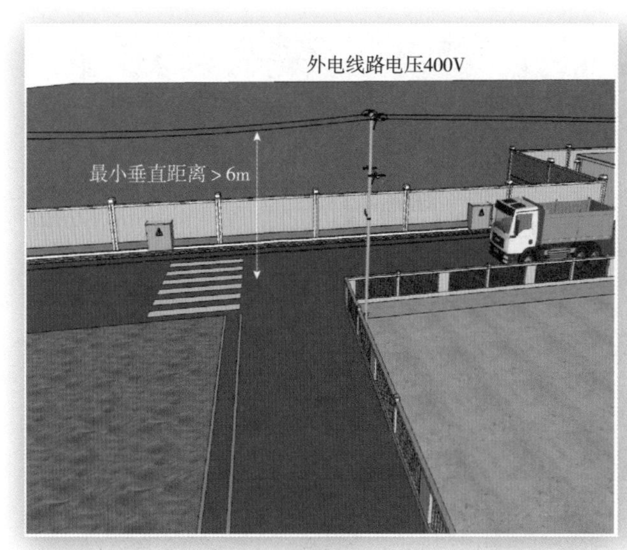

图 3.1-12　施工现场的机动车道与外电架空线路交叉时的最小垂直距离示意图（按表 4.1.6）

图 3.1-13　机械与高压线之间最小垂直距离示意图（按表 4.1.7）

图 3.1-14　旋转臂架式起重机与架空线路边线最小水平距离不应小于 2m

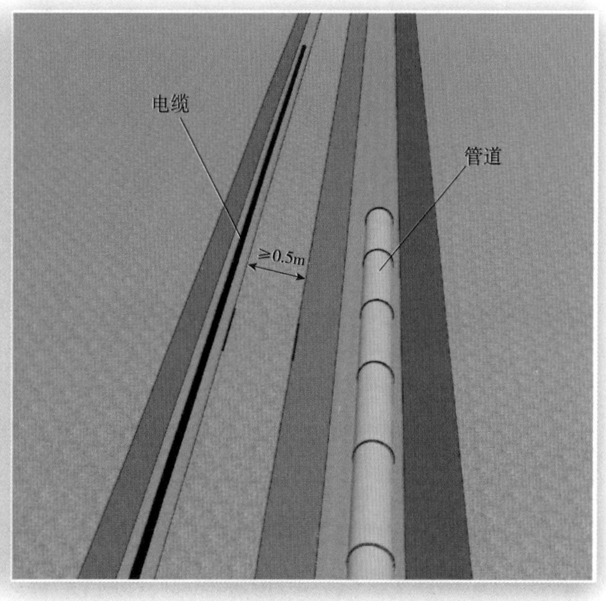

图 3.1-15　管道沟槽的边缘与埋地外电缆沟槽边缘之间的离不应小于 0.5m

3.2　脚手架（SJ-J007）

达到或超过一定规模的作业脚手架和支撑脚手架的立杆基础承载力不符合专项施工方案的要求，且已有明显沉降。

判定隐患

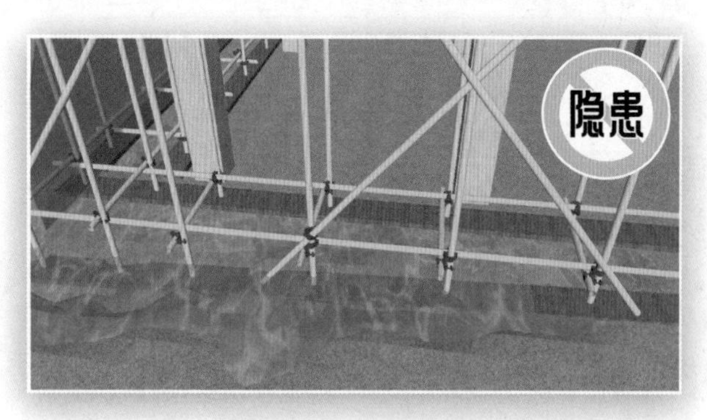

图 3.2-1 作业脚手架立杆基础积水且出现明显沉降

图 3.2-2 作业脚手架立杆基础坍塌

图 3.2-3 支撑脚手架立杆悬空

本条隐患判定的主要依据如下：

（1）《施工脚手架通用规范》（GB 55023—2022）

4.1.3 脚手架地基应符合下列规定：

1 应平整坚实，应满足承载力和变形要求。

2 应设置排水措施，搭设场地不应积水。

3 冬期施工应采取防冻胀措施。

5.3.9 脚手架使用期间，严禁在脚手架立杆基础下方及附近实施挖掘作业。

（2）《水利水电工程施工通用安全技术规程》（SL 398—2007）

5.3.3 脚手架基础应牢固，禁止将脚手架固定在不牢固的建筑物或其他不稳定的物件之上，在楼面或其他建筑物上搭设脚手架时，均应验算承重部位的结构强度。

（3）《水利水电工程施工安全防护设施技术规范》（SL 714—2015）

3.2.6 钢管脚手架应符合以下规定：

3 脚手架应夯实基础，立杆下部加设垫板。在楼面或其他建筑物上搭设脚手架时，必须验算承重部位的结构强度。

正确做法示例

图 3.2-4　脚手架基础

隐患条文

立杆采用搭接（作业脚手架顶步距除外）。

判定隐患

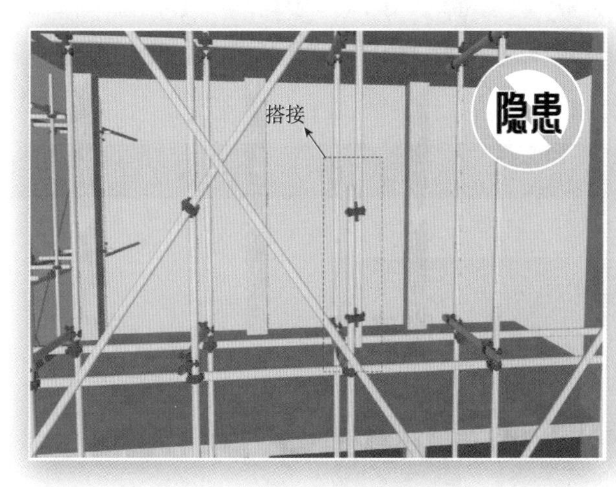

图 3.2-5　作业脚手架非顶步距立杆搭接

图 3.2-6　支撑脚手架立杆搭接

本条隐患判定的主要依据如下：

（1）《建筑施工扣件式钢管脚手架安全技术规范》（JGJ 130—2011）

6.3.5　单排、双排与满堂脚手架立杆接长除顶层顶步外，其余各层各步接头必须采用对接扣件连接。

（2）《建筑施工模板安全技术规范》（JGJ 162—2008）

6.2.4　（节选）当采用扣件式钢管作立柱支撑时，其构造与安装应符合下列规定：

3 立柱接长严禁搭接，必须采用对接扣件连接，相邻两立柱的对接接头不得在同步内，且对接接头沿竖向错开的距离不宜小于 500mm，各接头中心距主节点不宜大于步距的 1/3。

正确做法示例

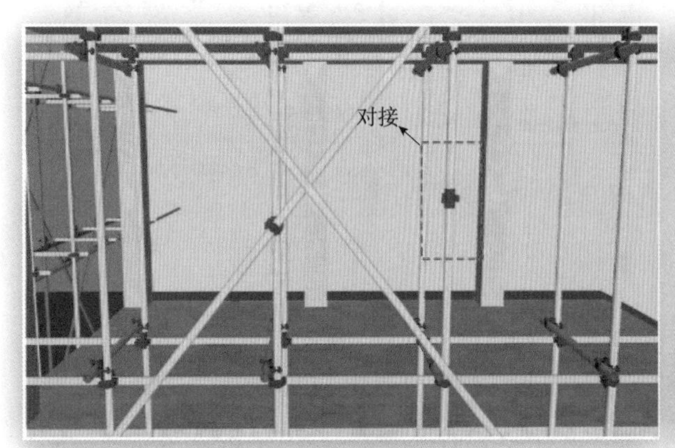

图 3.2-7　作业脚手架立杆对接

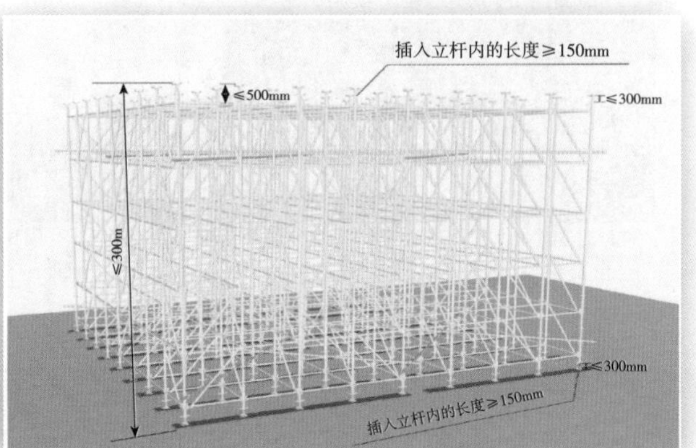

图 3.2-8　支撑脚手架立杆顶步采用顶托

未按专项施工方案设置连墙件。

判定隐患

图 3.2-9　脚手架连墙件缺失锁紧杆件

图 3.2-10　脚手架连墙件违规采用柔性连接

本条隐患判定的主要依据如下：

（1）《施工脚手架通用规范》（GB 55023—2022）

4.4.6　作业脚手架应按设计计算和构造要求设置连墙件，并应符合下列要求：

1 连墙件应采用能承受压力和拉力的刚性构件，并应与工程结构和架体连接牢固；

2 连墙点的水平间距不得超过 3 跨，竖向间距不得超过 3 步，连墙点之上架体的悬臂高度不应超过 2 步；

3 在架体的转角处、开口型作业脚手架端部应增设连墙件，连墙件竖向间距不应大于建筑物层高，且不应大于 4m。

5.2.2　作业脚手架连墙件安装应符合下列规定：

1 连墙件的安装应随作业脚手架搭设同步进行；

2 当作业脚手架操作层高出相邻连墙件 2 个步距及以上时，在上层连墙件安装完毕前，应采取临时拉结措施。

（2）《水利水电工程施工通用安全技术规程》（SL 398—2007）

5.3.5　脚手架安装搭设应严格按设计图纸实施，遵循自下而上、逐层搭设、逐层加固、逐层上升的原则，并应符合下列要求：

5 脚手架与边坡相连处应设置连墙杆，每 18m 设一个点，且连墙杆的竖向间距不应大于 4m。连墙杆采用钢管横杆，与墙体预埋锚筋相连，以增加整体稳定性。

（3）《水利水电工程施工安全防护设施技术规范》（SL 714—2015）

3.2.6　钢管脚手架应符合以下规定：

7 脚手架与边坡相连处设置连墙杆，采用钢管横杆与预埋锚筋相连，每 $18m^2$ 宜设一个点，连墙杆竖向间距应不大于 4m。锚筋深度、结构尺寸及连接方式应经计算确定。

正确做法示例

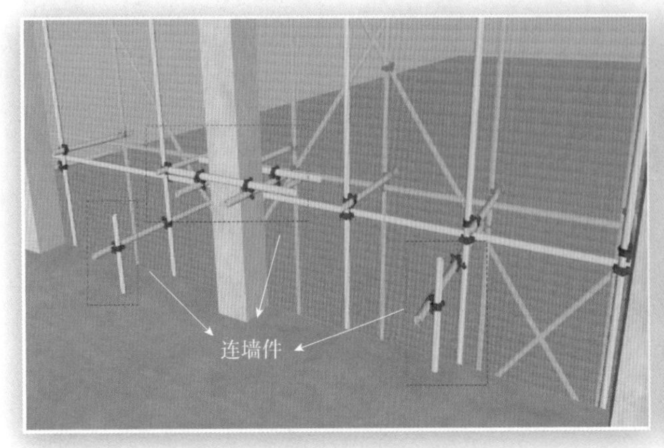

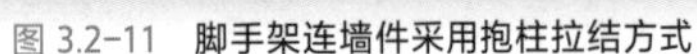
图 3.2-11　脚手架连墙件采用抱柱拉结方式

图 3.2-12　脚手架连墙件采用刚性连接

3.3　模板工程（SJ-J008）

爬模、滑模和翻模施工脱模或混凝土承重模板拆除时，混凝土强度未达到规定值。

事故案例

混凝土强度不足违规拆除模板，酿 73 人死亡特别重大事故

2016 年 11 月 24 日，某发电厂三期扩建工程发生冷却塔施工平台坍塌特别重大事故，造成 73 人死亡、2 人受伤，直接经济损失 10197.2 万元。

事故主要原因：

经调查认定，事故的直接原因是施工单位在 7 号冷却塔第 50 节筒壁混凝土强度不足的情况下，违规拆除第 50 节模板，致使第 50 节筒壁混凝土失去模板支护，不足以承受上部荷载，从底部最薄弱处开始坍塌，造成第 50 节及以上筒壁混凝土和模架体系连续倾塌坠落。坠落物冲击与筒壁内侧连接的平桥附着拉索，导致平桥也整体倒塌。

规范要求：《双曲线冷却塔施工与质量验收规范》（GB 50573—2010）第 6.3.15 条：“……采用悬挂式脚手架施工筒壁，拆模时其上节混凝土强度应达到 6MPa 以上……。”

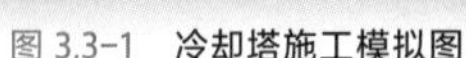
图 3.3-1　冷却塔施工模拟图

图 3.3-2　事故现场鸟瞰图

本条隐患判定的主要依据如下：

（1）《水工混凝土施工规范》（S.L 677—2014）

3.6.1　拆除模板的期限，应遵守下列规定：

1 不承重的侧面模板，混凝土强度达到 2.5MPa 以上，保证其表面及棱角不因拆模而损坏时，方可拆除。

2 钢筋混凝土结构的承重模板，混凝土达到下列强度后（按混凝土设计强度标准值的百分率计），方可拆除。

1）悬臂板、梁：跨度 $l \leqslant 2$m，75%；跨度 $l > 2$m，100%。

2）其他梁、板、拱：跨度 $l \leqslant 2$m，50%；2m< 跨度 $l \leqslant 8$m，75%；跨度 $l > 8$m，100%。

3.7.3　滑动模板应遵守下列规定：

3 滑动模板滑动速度应与混凝土的早期强度增长速度相适应。混凝土在脱模时应不坍塌，不拉裂。模板沿竖直方向滑升时，混凝土的脱模强度应控制在 0.2~0.4MPa。模板沿倾斜或水平方向滑动时，混凝土的脱模强度应经过计算和试验确定。

3.7.4　移置模板应遵守下列规定：

2 模板台车应遵守下列规定：

2）模板台车脱模，直立面混凝土的强度不应小于 0.8MPa；拆模时混凝土应能承受自重，并且表面和棱角不被损坏。洞径不大于 10m 的隧洞顶拱混凝土强度可按达到 5.0MPa 控制；洞径大于 10m 的隧洞顶拱混凝土需要达到的强度，应专门论证；隧洞混凝土衬砌结构承受围岩压力时，应经计算和试验确定脱模时混凝土需要达到的强度。

3 滑框倒模应遵守下列规定：

3）混凝土的脱模强度不应小于 0.4MPa。脱模操作架应安全、可靠，并便于倒模操作。拆除的单块模板应及时清理面板表面，并涂刷脱模剂。变形的单块模板应更换。

（2）《混凝土结构工程施工质量验收规范》（GB 50204—2015）

4.1.2 模板及支架应根据安装、使用和拆除工况进行设计，并应满足承载力、刚度和整体稳固性要求。

（3）《混凝土结构工程施工规范》（GB 50666—2011）

4.5.2 当混凝土强度达到设计要求时，方可拆除底模及支架；当设计无具体要求时，同条件养护试件的混凝土抗压强度应符合表 4.5.2 的规定。

表 4.5.2 底模拆除时的混凝土强度要求

构件类型	构件跨度 / m	达到设计混凝土强度等级值的百分率 / %
板	≤ 2	≥ 50
	> 2，≤ 8	≥ 75
	> 8	≥ 100
梁、拱、壳	≤ 8	≥ 75
	> 8	≥ 100
悬臂结构		≥ 100

4.5.3 当混凝土强度能保证其表面及棱角不受损伤时，方可拆除侧模。

知识拓展

（1）爬模

爬模是综合大模板与滑升模板工艺特点的一种施工方法。爬模主要由爬升装置、外组合模板、移动模板支架、上爬架、下吊架、内爬架模板及电器、液压控制系统等部分构成。液压自爬模板工艺原理为自爬模的顶升运动通过液压油缸对导轨和爬架交替顶升来实现，导轨和爬模架互不关联，两者之间可进行相互运动。当爬模架工作时，导轨和爬模架都支撑在埋件支座上，两者之间无相对运动。

图 3.3-3 爬模施工

优点：实体及外观质量好；缺点：投入较大，施工进度相对较慢，不便于在施工和养护期间对混凝土进行保温和蒸汽养护。

图 3.3-4　液压爬模施工

（2）滑模

滑模装置由模板系统、操作平台系统、液压提升系统和垂直运输系统等四大系统组成。滑模施工工艺原理是预先在混凝土结构中埋置钢管（称之为支承杆），利用千斤顶与提升架将滑升模板的全部施工荷载转至支承杆上，待混凝土具备规定强度后，通过自身液压提升系统将整个装置沿支承杆上滑，模板定位后又继续浇筑混凝土并不断循环的一种施工工艺。

优点：施工速度快，安全度高；缺点：投入较大，施工质量相对较差，不便于在施工和养护期间对混凝土进行保温和蒸汽养护。

图 3.3-5　滑模施工

（3）翻模

翻模是大模板施工方法，上层模板支承在下层模板上，循环交替上升。分为塔吊翻模和液压翻模两种，前者工作平台支撑于钢模板的牛腿支架或横竖肋背带上，通过塔吊提升模板及工作平台；后者工作平台与模板是分离的，工作平台支撑于提升架上，模板的提升靠固定于混凝土结构主筋上的手动葫芦来完成。

优点：实体及外观质量好；缺点：施工进度相对较慢。不便于在施工和养护期间对混凝土进行保温和蒸汽养护。

图 3.3-6　翻模施工

3.4　危险物品（SJ-J009）

运输、使用、保管和处置易燃易爆、雷管炸药等危险物品不符合安全要求。

判定隐患

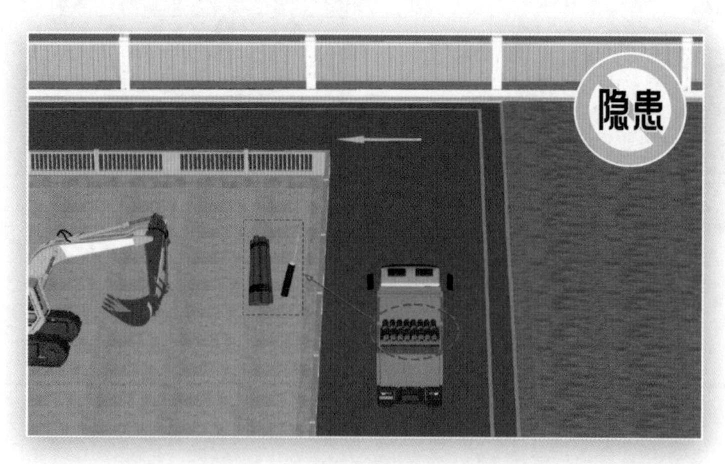

图 3.4-1　炸药与雷管危险物品混合运输

本条隐患判定的主要依据如下：

（1）《中华人民共和国安全生产法》（主席令第 88 号）

第三十九条　生产、经营、运输、储存、使用危险物品或者处置废弃危险物品的，由有关主管部门依照有关法律、法规的规定和国家标准或者行业标准审批并实施监督管理。

生产经营单位生产、经营、运输、储存、使用危险物品或者处置废弃危险物品，必须执行有关法律、法规和国家标准或者行业标准，建立专门的安全管理制度，采取可靠的安全措施，接受有关主管部门依法实施的监督管理。

（2）《民用爆炸物品安全管理条例》（国务院令第466号）

第五条　民用爆炸物品生产、销售、购买、运输和爆破作业单位（以下称民用爆炸物品从业单位）的主要负责人是本单位民用爆炸物品安全管理责任人，对本单位的民用爆炸物品安全管理工作全面负责。

民用爆炸物品从业单位是治安保卫工作的重点单位，应当依法设置治安保卫机构或者配备治安保卫人员，设置技术防范设施，防止民用爆炸物品丢失、被盗、被抢。

民用爆炸物品从业单位应当建立安全管理制度、岗位安全责任制度，制订安全防范措施和事故应急预案，设置安全管理机构或者配备专职安全管理人员。

第四十条　民用爆炸物品应当储存在专用仓库内，并按照国家规定设置技术防范设施。

第四十一条　储存民用爆炸物品应当遵守下列规定：

（一）建立出入库检查、登记制度，收存和发放民用爆炸物品必须进行登记，做到账目清楚，账物相符；

（二）储存的民用爆炸物品数量不得超过储存设计容量，对性质相抵触的民用爆炸物品必须分库储存，严禁在库房内存放其他物品；

（三）专用仓库应当指定专人管理、看护，严禁无关人员进入仓库区内，严禁在仓库区内吸烟和用火，严禁把其他容易引起燃烧、爆炸的物品带入仓库区内，严禁在库房内住宿和进行其他活动；

（四）民用爆炸物品丢失、被盗、被抢，应当立即报告当地公安机关。

第四十二条　在爆破作业现场临时存放民用爆炸物品的，应当具备临时存放民用爆炸物品的条件，并设专人管理、看护，不得在不具备安全存放条件的场所存放民用爆炸物品。

第四十三条　民用爆炸物品变质和过期失效的，应当及时清理出库，并予以销毁。销毁前应当登记造册，提出销毁实施方案，报省、自治区、直辖市人民政府民用爆炸物品行业主管部门、所在地县级人民政府公安机关组织监督销毁。

（3）《爆破安全规程》（GB 6722—2014）

14.1.1.2　爆破器材运达目的地后，收货单位应指派专人领取，认真检查爆破器材的包装、数量和质量；如果包装破损，数量与质量不符，应立即报告有关部门，并在有关代表参加下编制报告书，分送有关部门。

（4）《水利水电工程施工通用安全技术规程》（SL 398—2007）

9.7.2　氧气、乙炔气瓶的使用应遵守下列规定：

1 气瓶应放置在通风良好的场所，不应靠近热源和电气设备，与其他易燃易爆物品或火源的距离一般不应小于10m（高处作业时是与垂直地面处平行距离）。使用过程中，乙炔瓶应放置在通风良好的场所，与氧气瓶的距离不应少于5m。

2 露天使用氧气、乙炔气时，冬季应防止冻结，夏季应防止阳光直接曝晒。氧气、乙炔气瓶阀冬季冻结时，可用热水或水蒸气加热解冻，严禁用火焰烘烤和用钢材一类器具猛击，更不应猛拧减压表的调节螺丝，以防氧气、乙炔气大量冲出而造成事故。

11.1.3　危险化学品生产、储存、经营、运输和使用危险化学品的单位和个人，应遵守《中华人民共和国消防法》《危险化学品安全管理条例》《易燃易爆化学物品消防安全监督管理办法》的规定。

11.1.4　贮存、运输和使用危险化学品的单位，应建立健全危险化学品安全管理制度，建立事故应急救援预案，配备应急救援人员和必要的应急救援器材、设备、物资，并应定期组织演练。

11.1.5　贮存、运输和使用危险化学品的单位，应当根据消防安全要求，配备消防人员，配置消防设施以及通信、报警装置。并经公安消防监督机构审核合格，取得《易燃易爆化学物品消防安全审核意见书》《易燃易爆化学物品消防安全许可证》和《易燃易爆化学物品准运证》。

11.1.6　危险化学品管理应有下列安全措施：

1 仓库应有严格的保卫制度，人员出入应有登记制度。

2 贮存危险化学品的仓库内严禁吸烟和使用明火，对进入库区内的机动车辆应采取防火措施。

3 严格执行有毒有害物品入库验收，出库登记和检查制度。

4 各种物品包装要完整无损，如发现破损、渗漏等，须立即进行处理。

5 装过危险化学品的容器，应集中保管或销毁。

6 销毁、处理危险化学品，应采取安全措施并征得所在地环境保护、公安等有关部门同意。

7 使用危险化学品的单位，应根据化学危险品的种类、性质，设置相应的通风、防火、防爆、防毒、监测、报警、降温、防潮、避雷、防静电、隔离操作等安全设施。

8 危险化学品仓库四周，应有良好的排水，设置刺网或围墙，高度不小于 2m，与仓库保持规定距离，库区内严禁有其他可燃物品。

9 消防安全重点应履行下列消防安全职责：

1）建立防火档案，确定消防安全重点部位，设置防火标志，实行严格管理。

2）实行每日防火巡查，并建立巡查记录。

3）对职工进行消防安全培训。

4）制定灭火和应急疏散预案，定期组织演练。

（5）《小型民用爆炸物品储存库安全规范》（GA 838—2009）

7.5　储存库距露天爆破作业点边缘的距离应按 GB 6722 的要求核定，且最低不应小于 300m。

8.4　（节选）储存库区四周应设密实围墙，围墙到最近储存库墙脚的距离不宜小于 5m，围墙高度不应低于 2m，墙顶应有防攀越的措施。

8.6　内部最小允许距离应符合以下要求：

a）工业炸药及制品、工业导爆索、黑火药地面储存库之间最小允许距离不应小于 20m，上述储存库与雷管储存库之间最小允许距离不应小于 12m；

b）值班室距工业炸药及制品、工业导爆索、黑火药库房的最小允许距离应符合表 4 要求，距雷管库房的距离不应小于 20m；

c）洞库、覆土库内部最小允许距离按 GB 50154 执行。

表 4　值班室与库房的最小允许距离

单位：m

序号	值班室设置防护屏障情况	单库计算药量 / kg	
		3000 ＜药量≤ 5000	药量≤ 3000
1	有防护屏障	65	30
2	无防护屏障	90	60

9.1.4　储存库内任一点到门口的距离不应大于 15m，门的宽度不宜小于 1.5m，高度不宜小于 2.0m，不应采用侧拉门、弹簧门、卷闸门，不应设置门槛。

10.1　储存库门口 8m 范围内不应有枯草等易燃物，储存库区内以及围墙外 15m 范围内不应有针叶树和竹林等易燃油性植物。储存库区内不应堆放易燃物和种植高棵植物，草原和森林地区的储存库周围宜修筑防火沟渠。

16.2.3　堆垛之间应留有检查、清点民用爆炸物品的通道，通道宽度不应小于 0.6m，堆垛边缘与墙的距离不应小于 0.2m，宜在地面画定置线。

16.2.4　各种民用爆炸物品整箱堆放高度，工业雷管、黑火药不应超过 1.6m，炸药、索类不应超过 1.8m，宜在墙面画定高线。

16.4.5　民用爆炸物品的装卸作业宜在白天进行，押运员应在现场监装，无关人员和车辆禁止靠近，运输车辆离库门不应小于 2.5m。

（6）《易燃易爆性商品储存养护技术条件》（GB 17914—2013）

6.1.2　各种商品（气瓶装除外）不应直接落地存放，一般应垫 15cm 以上。遇湿易燃物品、易吸潮溶化和吸潮分解的商品应适当增加下垫高度。

6.1.3　各种商品应码行列式压缝货垛，做到牢固、整齐、出入库方便，无货架的垛高不应超过 3m。

6.2　堆垛间距应保持：

a）主通道大于或等于 180cm；

b）支通道大于或等于 80cm；

c）墙距大于或等于 30cm；

d）柱距大于或等于 10cm；

e）垛距大于或等于 10cm；

f）顶距大于或等于 50cm。

（7）《建设工程施工现场消防安全技术规范》（GB 50720—2011）

6.3.3　施工现场用气应符合下列规定：

2 气瓶运输、存放、使用时，应符合下列规定：

1）气瓶应保持直立状态，并采取防倾倒措施，乙炔瓶严禁横躺卧放。

2）严禁碰撞、敲打、抛掷、滚动气瓶。

3）气瓶应远离火源，与火源的距离不应小于 10m，并应采取避免高温和防止曝晒的措施。

4）燃气储装瓶罐应设置防静电装置。

判定隐患

图 3.4-2　**气瓶堆放未采取有效防护措施**

隐患

图 3.4-3　**焊接作业乙炔气瓶倒放**

正确做法示例

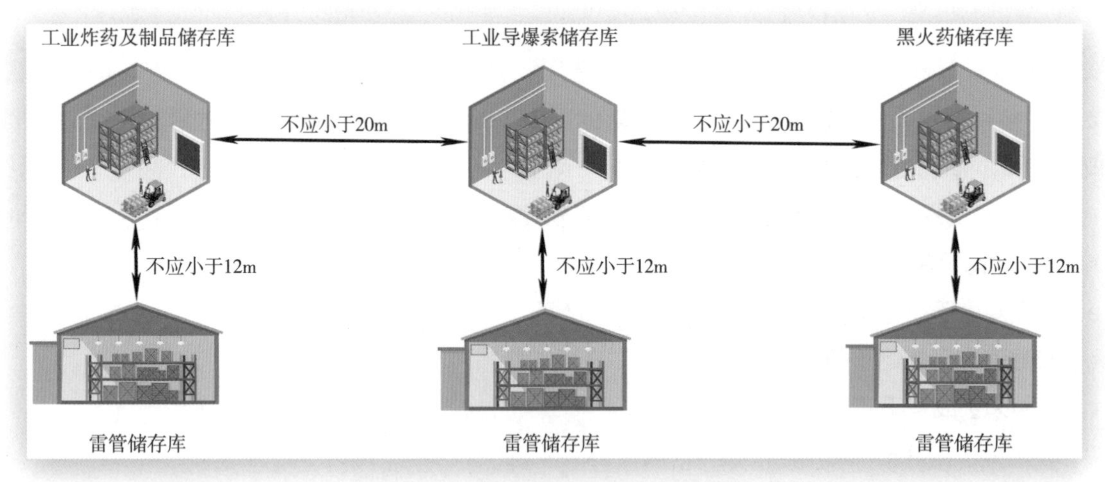

图 3.4-4　**小型民用爆炸物品储存库间安全距离**

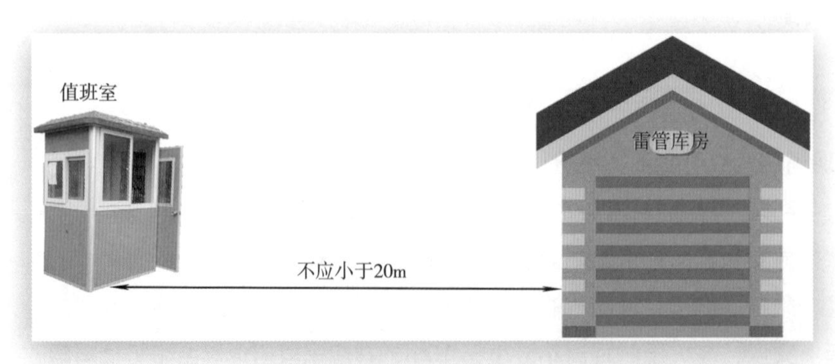

图 3.4-5　**值班室距雷管库房安全距离**

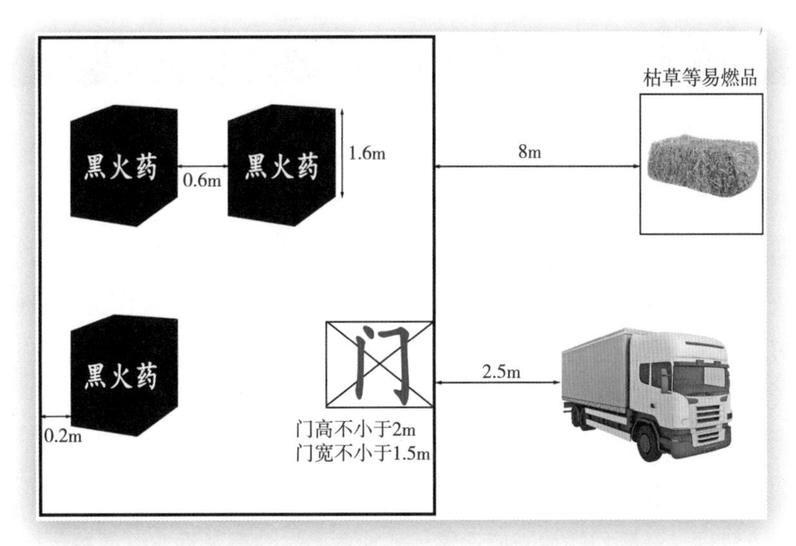

图 3.4-6　小型民用爆炸物品储存库距运输车辆、库内物品储存要求及周边条件

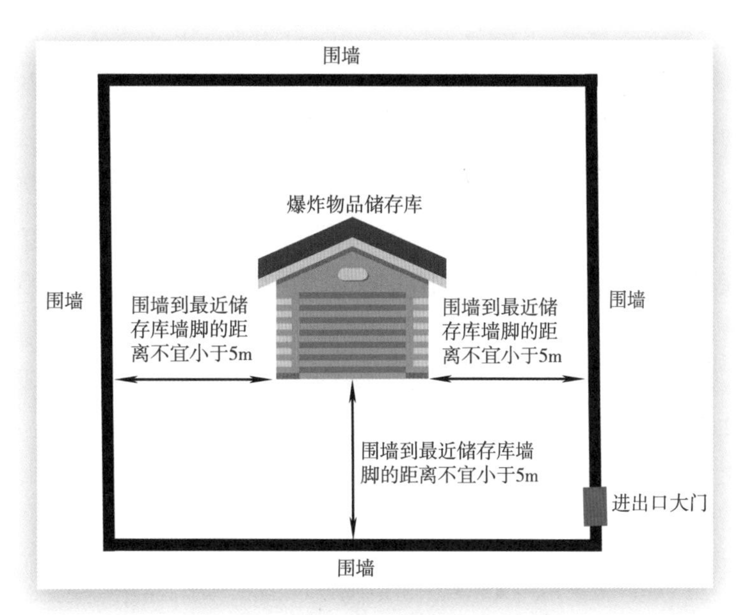

图 3.4-7　爆炸物品储存库距围墙的最小距离

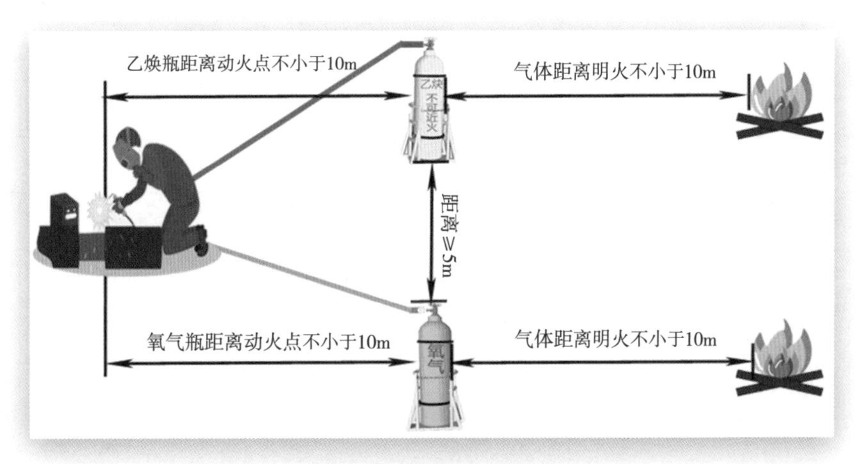

图 3.4-8　在用的氧气、乙炔瓶间及焊接动火作业距离

知识拓展

（1）仓库储量：《水利水电工程施工通用安全技术规程》（SL 398—2007）

10.5.8 乙炔气瓶贮存，还应遵守下列规定：

1 在使用乙炔瓶的现场，贮存量不应超过 5 瓶。

2 贮存间与明火或散发火花地点的距离，不应小于 15m，且不应设在地下室或半地下室内。

3 贮存应有良好的通风、降温等设施，要避免阳光直射，要保证运输道路畅通，应设有足够的消防栓和干粉或二氧化碳灭火器（严禁使用四氯化碳灭火器）。

4 乙炔瓶应保持直立位置，并应有防止倾倒的措施。

5 严禁与氯气瓶、氧气瓶及易燃物品同间贮存。

6 贮存间应有专人管理，在醒目的地方应设置“乙炔危险”“严禁烟火”等警示标志。

10.5.9 乙炔瓶库，可与耐火等级不低于二级的厂房毗连建造，其毗连的墙应是无门、窗和洞的防火墙，并严禁任何管线穿过。

（2）《建筑设计防火规范》（GB 50016—2014）（2018 版）

3.2.7 高架仓库、高层仓库、甲类仓库、多层乙类仓库和储存可燃液体的多层丙类仓库，其耐火等级不应低于二级。

单层乙类仓库，单层丙类仓库，储存可燃固体的多层丙类仓库和多层丁、戊类仓库，其耐火等级不应低于三级。

3.2.9 甲、乙类厂房和甲、乙、丙类仓库内的防火墙，其耐火极限不应低于 4.00h。

3.3.4 甲、乙类生产场所（仓库）不应设置在地下或半地下。

3.5.1 甲类仓库之间及与其他建筑、明火或散发火花地点、铁路、道路等的防火间距不应小于表 3.5.1 的规定。

表 3.5.1 甲类仓库之间及与其他建筑、明火或散发火花地点、铁路、道路等的防火间距

单位：m

名称		甲类仓库（储量）			
		甲类储存物品第 3、4 项		甲类储存物品第 1、2、5、6 项	
		≤ 5t	> 5t	≤ 10t	> 10t
高层民用建筑、重要公共建筑		50			
裙房、其他民用建筑、明火或散发火花地点		30	40	25	30
甲类仓库		20	20	20	20
厂房和乙、丙、丁、戊类仓库	一级、二级	15	20	12	15
	三级	20	25	15	20
	四级	25	30	20	25

续表

名称		甲类仓库（储量）			
		甲类储存物品第 3、4 项		甲类储存物品第 1、2、5、6 项	
		≤ 5t	> 5t	≤ 10t	> 10t
电力系统电压为 35~500kV 且每台变压器容量不小于 10MV·A 的室外变、配电站，工业企业的变压器总油量大于 5t 的室外降压变电站		30	40	25	30
厂外铁路线中心线		40			
厂内铁路线中心线		30			
厂外道路路边		20			
厂内道路路边	主要	10			
	次要	5			

（3）乙炔气瓶不能倒放的原因

1 乙炔瓶装有填料和溶剂（丙酮），卧放使用时，丙酮易随乙炔气流出，不仅增加丙酮的消耗量，还会降低燃烧温度而影响使用，同时会产生回火而引发乙炔瓶爆炸事故。

2 乙炔瓶卧放时，易滚动，瓶与瓶、瓶与其他物体易受到撞击，形成激发能源，易导致乙炔瓶爆炸事故的发生。

3 乙炔瓶配有防震胶圈，其目的是防止在装卸、运输、使用中相互碰撞。胶圈是绝缘材料，卧放即等于乙炔瓶放在电绝缘体上，致使气瓶上产生的静电不能向大地扩散，聚集在瓶体上，易产生静电火花，当有乙炔气泄漏时，极易造成燃烧和爆炸事故。

4 使用时乙炔瓶瓶阀上装有减压器、阻火器、连接有胶管，因卧放易滚动，滚动时易损坏减压器、阻火器或拉脱胶管，造成乙炔气向外泄放，导致燃烧爆炸。

图 3.4-9 乙炔气瓶减压器

图 3.4-10 回火防止器

3.5 起重吊装与运输（1）（SJ-J010）

隐患条文

起重机械未按规定经有相应资质的单位安装（拆除）或未经有相应资质的检验检测机构检验合格后投入使用。

事故案例

塔式起重机未经检验合格投入使用导致较大起重伤害事故

2022 年 ×× 月 ×× 日，某市建筑机械租赁有限责任公司塔式起重机驾驶员 ×××、信号工 ××× 进入工地，塔式起重机驾驶员 ××× 登上型号为 ××× 塔式起重机，3 名安装拆卸工进入工地，对塔式起重机进行顶升加高作业（塔式起重机高度 53.2m），在顶升过程中，该塔式起重机发生平衡块、引进平台上一节标准节、上下支座、塔帽、平衡臂、起重臂、顶升套架及已安装的 4 个标准节先后坠落，塔身从距地面 40m 处折断的情形，3 名安装拆卸工及驾驶员随塔式起重机倾翻，坠落地面，造成 4 人死亡（事故图片见图 3.5-1），直接经济损失 514.58 万元。

图 3.5-1　塔式起重机事故现场

事故主要原因：

1. 由于事故塔式起重机顶升横梁与顶升油缸连接销轴在顶升前已存在部分移位，销轴不能有效与顶升横梁左右连接板相连接，在活塞杆伸出约 1.1m、把塔式起重机上部（重量约 32t）顶升约 1.1m 高时，顶升横梁与顶升油缸连接销轴突然滑移，活塞杆支撑点发生变化，伸出的活塞杆支撑力随即改变，使活塞杆瞬间产生弯曲，顶升横梁左端（面对顶升油缸）支撑轴由于活塞杆的弯曲随后从标准节踏步支撑面滑脱，失去支撑的塔式起重机上部起重臂、平衡臂等部件沿塔身下滑，平衡臂向下倾斜；塔式起重机上的7块配重(约15.23t)向后移动，冲断端部横梁后坠落地面；配重坠落产生的反冲击力使平衡臂又立即向上翘起，在前后两次弯曲应力的强力冲击下，造成从上往下第四节标准节上部折断，导致上部结构全部向前倾翻坠落。

2. 第三方检验机构 ××× 公司到现场对塔式起重机进行检验检测时，对顶升横梁与顶升油缸连接销轴止退挡板固定螺栓断裂脱落、止退挡板失效等较大事故隐患存在漏检，无检验照片，也无整改要求的情形，存在检测报告与塔式起重机设备实际状况不符的情况下就出具合格报告的情形。

综上，塔式起重机作业人员，第三方检验机构未认真履行职责，未及时发现并消除安全隐患导致事故发生。

本条隐患判定的主要依据如下：

（1）《特种设备安全监察条例》（中华人民共和国国务院令第549号）

第十七条　（节选）锅炉、压力容器、起重机械、客运索道、大型游乐设施的安装、改造、维修以及场（厂）内专用机动车辆的改造、维修，必须由依照本条例取得许可的单位进行。

（2）《起重机械安全技术规程》（TSG 51—2023）

4.1　基本要求

（1）安装和修理单位应当取得相应的特种设备生产许可证，方可在许可范围内从事起重机械的安装、修理活动。

（3）《中华人民共和国特种设备安全法》（主席令第四号）

第二十五条　锅炉、压力容器、压力管道元件等特种设备的制造过程和锅炉、压力容器、压力管道、电梯、起重机械、客运索道、大型游乐设施的安装、改造、重大修理过程，应当经特种设备检验机构按照安全技术规范的要求进行监督检验；未经监督检验或者监督检验不合格的，不得出厂或者交付使用。

（4）《水利水电工程施工安全管理导则》（SL 721—2015）

9.2.7　施工起重机械、缆机等大型施工设备达到国家规定的检验检测期限的，必须由具有专业资质的检验检测机构检测。经检测不合格的，不得继续使用。相邻起重机械等大型施工设备应按规定保持防冲撞安全距离。

（5）《水利水电工程施工安全防护设施技术规范》（SL 714—2015）

4.2.1　各种起重机械必须经国家专业检验部门检验合格。

正确做法示例

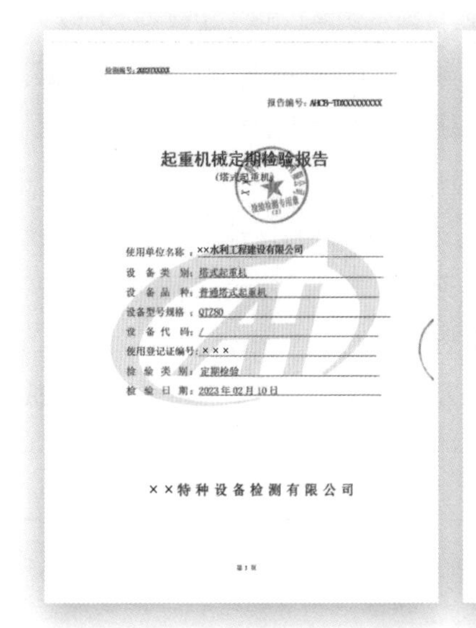

检验编号：2023YXXXXX

报告编号：AHCB-TXXXXXXXXXX

起重机械定期检验报告

（塔式起重机）

使用单位名称：××水利工程建设有限公司

设备类别：塔式起重机

设备品种：普通塔式起重机

设备型号规格：QTZ80

设备代码：/

使用登记证编号：×××

检验类别：定期检验

检验日期：2023 年 02 月 10 日

××特种设备检测有限公司

第 1 页

检测编号：2023YXXXXX

起重机械定期检验报告

使用单位名称	××水利工程建设有限公司		
使用单位地址	×××		
使用地点	×××		
使用单位统一社会信用代码	*******	使用单位安全管理人员	×××
使用单位联系电话	/	使用单位邮政编码	*******
制造单位名称	××建设机械有限公司		
改造（重大修理）单位名称	/		
设备类别	塔式起重机	设备品种	普通塔式起重机
型号规格	QTZ80	设备代码	/
产品编号		单位内编号	/
投入使用日期	2020 年 08 月 18 日	设计使用年限	15 年
性能参数：跨度（工作幅度）	60m	额定起重量	6t
性能参数：起升高度	60m	额定起重力矩	50t.m
性能参数：工作级别	A4	起升速度	70/35/10m/min
性能参数：回转速度	0.7r/min	变幅速度	35/23 m/min
性能参数：其他主要参数	/		
检验依据	《起重机械定期检验规则》（TSG Q7015-2016）		
检验结论	合格		
	下次定期检验日期：2024 年 02 月		
备注	/		
检验：	日期：2023 年 02 月 10 日	检验机构核准证号：	
审核：	日期：2023 年 02 月 10 日		
批准：	日期：2023 年 02 月 11 日	（检验机构专用章或检验章）	2023 年 02 月 10 日

第 1 页 共 6 页

图 3.5-2　检验报告

中华人民共和国

特种设备检验检测机构核准证

Approval Certificate on Special Equipment Inspection and Testing Agencies of the People's Republic of China

（检测机构）

图 3.5-3　特种设备检验检测机构核准证

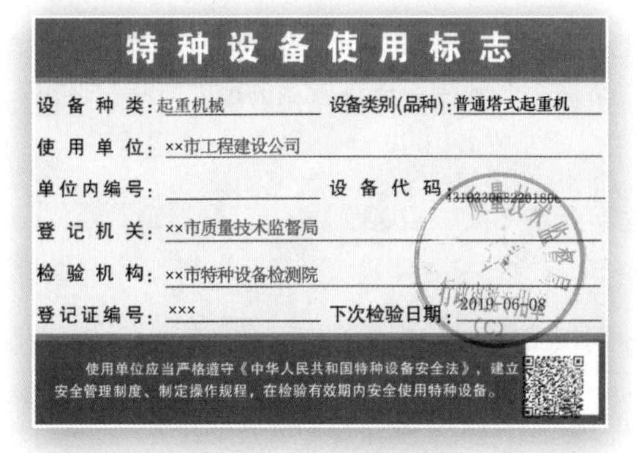

特种设备使用标志

设备种类：起重机械　设备类别(品种)：普通塔式起重机

使用单位：××市工程建设公司

单位内编号：　设备代码：

登记机关：××市质量技术监督局

检验机构：××市特种设备检测院

登记证编号：×××　下次检验日期：2019-06-08

使用单位应当严格遵守《中华人民共和国特种设备安全法》，建立安全管理制度、制定操作规程，在检验有效期内安全使用特种设备。

图 3.5-4　特种设备使用标志

起重机械未配备荷载、变幅等指示装置和荷载、力矩、高度、行程等限位、限制及连锁装置。

事故案例

“12 · 10”塔式起重机坍塌较大事故

2018 年 12 月 10 日 8 时，某新区，由某建设工程有限公司承建的某 C 区一期项目工地塔式起重机（以下简称“塔吊”）突然发生坍塌，造成包括塔吊司机在内共 3 人死亡的较大事故，直接经济损失 450 余万元。

事故主要原因：

图 3.5-5　**塔式起重机坍塌事故现场**

1. 事故塔吊是在 SCMC5012 型号基础上用多型号、多批次、多厂家零部件拼凑、改装而成 SCMC5510，平衡臂短了 1m，配重少了 920kg，不符合《SCMC5510 塔式起重机安装使用说明书》的整机配置安全技术条件。
2. 塔身第七标准节下部南东方位主弦杆角钢有近 1/2 的横向断裂陈旧伤，结构完整性被破坏。
3. 事故塔吊起重力矩限制器失效，在事故工况点起吊物严重超载，塔吊处于严重超负荷运行状态。
4. 某公司购买来历不明的、不符合安全技术条件的塔吊，使用伪造的《特种设备制造许可证》《整机出厂合格证》和铭牌等塔吊技术资料，违规从事塔吊顶升和附着安装，使用非原塔吊生产厂家附着装置，附着安装位置不当；未按合同约定履行对塔吊进行定期检查和维护保养的义务，维保无记录，未及时消除塔吊起重力矩限制器失效的安全隐患。
5. 某公司租用不符合安全技术条件的塔吊；组织塔吊联合验收时未严格按照《塔式起重机安装验收记录表》规定的内容进行；对起吊料斗超重失察，对塔吊作业人员违反“十不吊”的违规行为未及时发现和制止；安全技术交底针对性不强，未指派专职设备管理人员和专职安全管理人员对塔吊使用、维修保养情况进行现场监督检查。

事故性质：

经综合分析，调查组认定：某建设工程有限公司“12 · 10”塔式起重机坍塌较大事故是一起因不法建筑施工机械租赁企业违规出租不符合安全技术条件的塔吊，安装单位违规安装，检测单位违规检测，使用单位违规组织验收、违规使用，监理单位失察失管，监管机构失职失责，行业主管部门对建筑施工机械安全管理工作疏于指导、监督不力，相关县（区）人民政府安全生产工作履职不到位而导致的一起生产安全责任事故。

本条隐患判定的主要依据如下：

（1）《特种设备安全监察条例》（中华人民共和国国务院令第 549 号）

第二十七条　特种设备使用单位应当对在用特种设备进行经常性日常维护保养，并定期自行检查。

……

特种设备使用单位应当对在用特种设备的安全附件、安全保护装置、测量调控装置及有关附属仪器仪表进行定期校验、检修，并作出记录。

……

（2）《水利水电工程施工安全防护设施技术规范》（SL 714—2015）

3.10.10　载人提升机械应设置以下安全装置，并保持灵敏可靠：

1 上限位装置（上限位开关）。

2 上极限限位装置（越程开关）。

3 下限位装置（下限位开关）。

4 断绳保护装置。

5 限速保护装置。

6 超载保护装置。

4.2.4 起重机械安装运行应符合下列规定：

1 起重机械应配备荷载、变幅等指示装置和荷载、力矩、高度、行程等限位、限制及连锁装置。

2 操作司机室应防风、防雨、防晒、视线良好，地板铺有绝缘垫层。

3 设有专用起吊作业照明和运行操作警告灯光音响信号。

4 露天工作起重机械的电气设备应装有防雨罩。

5 吊钩、行走部分及设备四周应有警告标志和涂有警示色标。

5.3.4 采用正井法施工应符合下列规定：

3 提升机械设置可靠的限位装置、限速装置、断绳保护装置和稳定吊斗装置。

知识拓展

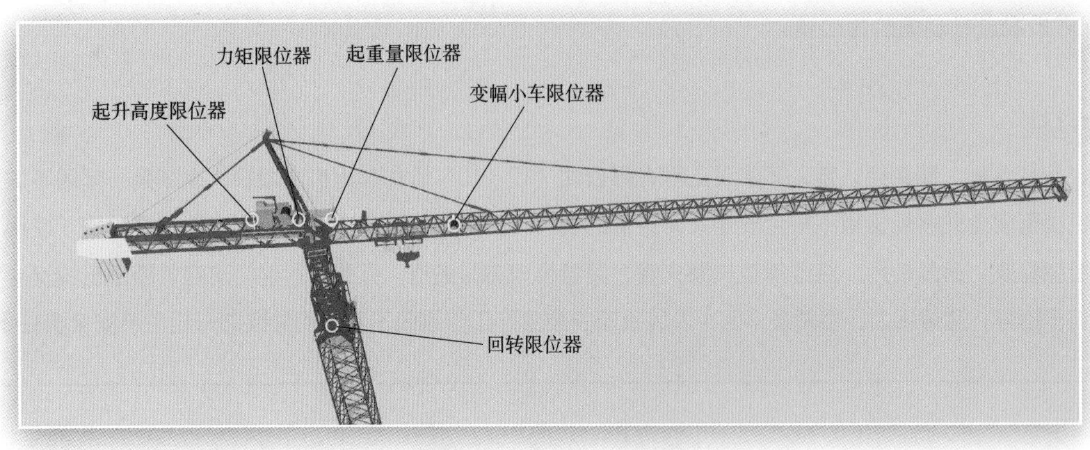

图 3.5-6 起重机械（塔式起重机）安全装置分布示意图

表 3.5-1 五大安全限位装置的作用

序号	名称	作用描述	实物图片
1	起升高度限位器	用于防止在吊钩提升或下降时可能出现的操作失误。起升高度限位器大都设于平衡臂卷扬机侧方，以防止吊钩上升超过限度与臂头结构相撞	微动开关 记忆枪

续表

序号	名称	作用描述	实物图片
2	力矩限位器	用来限制塔式起重机实际作业起重力矩不得超过额定起重力矩，防止发生整机倾翻的事故	连接方板 螺丝 拉杆 合格证 力矩限制器 连接线
3	起重量限制器	也称超载限位器，是一种能使起重机不致超负荷运行的保险装置，当吊重超过额定起重量时，它能自动切断提升机构的电源停车或发出警报，起重量限制器有机械式和电子式两种	
4	回转限位器	最常用的回转限位器是由带有减速装置的限位开关和小齿轮组成，限位器固定在塔式起重机回转上支座结构上，小齿轮与回转支承的大齿轮啮合。此限位器最大的作用就是防止同一方向转数过多，从而把回转处主电缆线绞断	
5	变幅小车限位器	水平臂小车变幅的塔式起重机，变幅小车限位器又称小车行程限位开关，是限制载重小车在起重臂上的移动范围。一般安装在小车牵引机构的卷筒一侧，利用卷筒轴外伸端带动转动限位开关进行动作。它的作用是防止小车直接冲撞臂尖，冲撞次数过多就容易产生故障或者小车直接跑出臂尖酿成事故	

同一作业区两台及以上起重设备运行未制定防碰撞方案，且存在碰撞可能。

事故案例

两台塔吊运行中碰撞导致吊物坠落未遂事故

2017 年 3 月 22 日 10 时 6 分，某项目 2 号塔吊在屋面下钩卸钢筋，此时 1 号塔吊从旁边经过，司机未准确预测两台塔吊之间距离，导致 1 号塔吊大臂直接撞到 2 号塔吊钢丝绳，将 2 号塔吊吊物甩出，吊物直接挂在外架上面导致外架部分断开，并且吊物中有一根约 2m 长的 U 型钢筋甩出掉落地面，所幸未造成人员伤亡。

事故主要原因：

1. 1 号塔吊司机本来已经知道两台塔吊距离过近，可能发生碰撞，但是由于觉得如果从另外一侧绕过，需要的时间过长，故选择距离短的一边经过，导致发生碰撞。
2. 1 号塔吊司机由于选择档位过高，运行过快，在发现可能碰撞时虽然已经及时踩刹车，但由于惯性依然无法停止，导致发生碰撞。
3. 1 号、2 号塔吊指挥责任心不强，未在两台塔吊有可能碰撞前给出司机提醒，未在有可能碰撞前确认安全的情况下就发出指令。
4. 2 号塔吊司机未对有可能发生的碰撞作出预判，也未做出可能避免事故的任何动作。

事故性质：

责任事故。

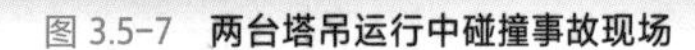

图 3.5-7 **两台塔吊运行中碰撞事故现场**

图 3.5-8 **两台塔吊运行中存在碰撞可能**

本条隐患判定的主要依据如下：

（1）《塔式起重机安全规程》（GB 5144—2006）

10.5　两台塔机之间的最小架设距离应保证处于低位塔机的起重臂端部与另一台塔机的塔身之间至少有 2m 的距离；处于高位塔机的最低位置的部件（吊钩升至最高点或平衡重的最低部位）与低位塔机中处于最高位置部件之间的垂直距离不应小于 2m。

（2）《水利水电工程施工安全管理导则》（SL 721—2015）

9.2.7　施工起重机械、缆机等大型施工设备达到国家规定的检验检测期限的，必须由具有专业资质的检验检测机构检测。经检测不合格的，不得继续使用。相邻起重机械等大型施工设备应按规定保持防冲撞安全距离。

正确做法示例

××水利工程

塔式起重机防碰撞方案

××水利工程建设有限公司
（公章）
年 月 日

图 3.5-9 起重设备制定防碰撞方案

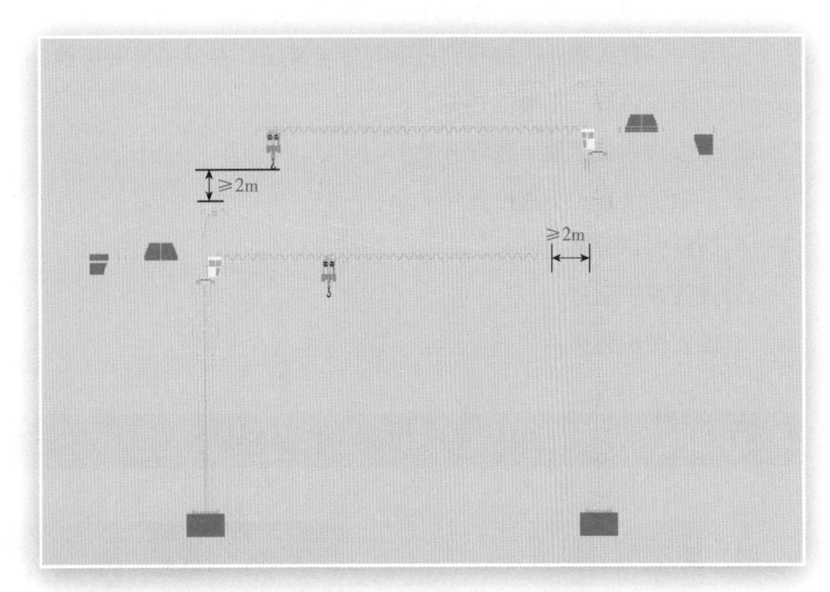

图 3.5-10 塔式起重机安全距离示意图

隧洞竖（斜）井或沉井、人工挖孔桩井载人（货）提升机械未设置安全装置或安全装置不灵敏。

判定隐患

图 3.5-11 无安全装置的载人设备（1）

图 3.5-12 无安全装置的载人设备（2）

本条隐患判定的主要依据如下：

《水利水电工程施工安全防护设施技术规范》（SL 714—2015）

3.10.10 载人提升机械应设置下列安全装置，并保持灵敏可靠：

1 上限位装置（上限位开关）。

2 上极限限位装置（越程开关）。

3 下限位装置（下限位开关）。

4 断绳保护装置。

5 限速保护装置。

6 超载保护装置。

正确做法示例

图 3.5-13 载人提升机械安全装置

知识拓展

载人提升机械安全装置

图 3.5-14 三合一安全防坠器

图 3.5-15 双向限速器

图 3.5-16　**起重量限制器**

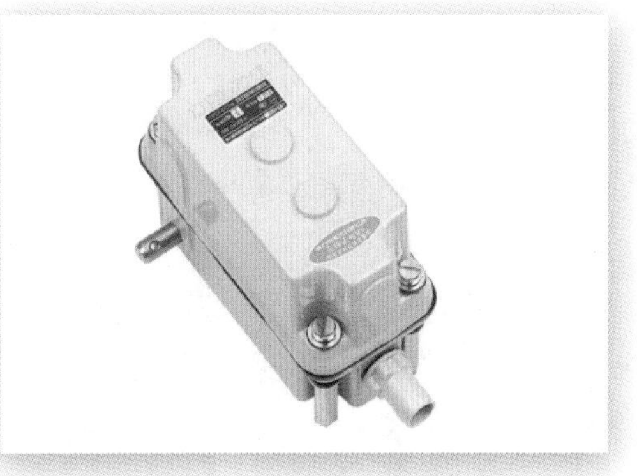

图 3.5-17　**上限位装置（上限位开关）**

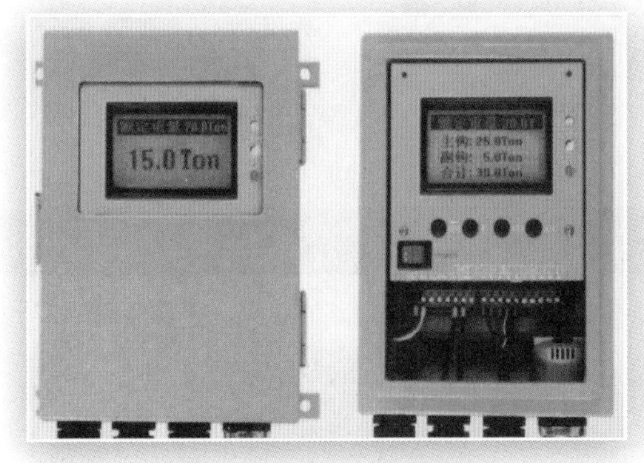

图 3.5-18　**超载保护装置**

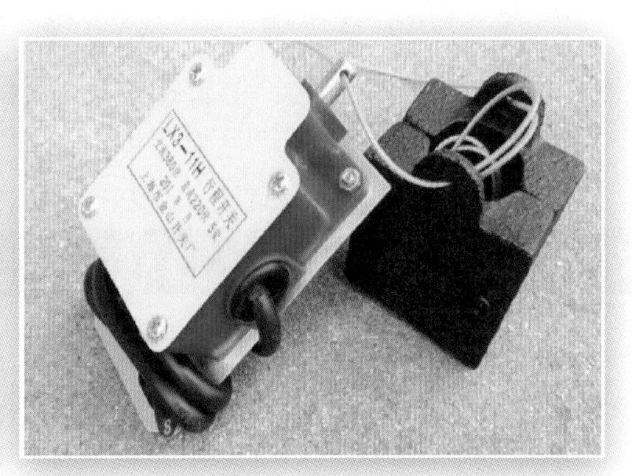

图 3.5-19　**行程开关**

3.6　起重吊装与运输（2）（SJ-J011）

大中型水利水电工程金属结构施工采用临时钢梁、龙门架、天锚起吊闸门、钢管前，未对其结构和吊点进行设计计算、履行审批审查验收手续，未进行相应的负荷试验。
闸门、钢管上的吊耳板、焊缝未经检查检测和强度验算投入使用。

事故案例 1

闸门吊装事故

2015 年 12 月 27 日下午，某水利工地发生一起意外事故，施工吊装闸门时链条断裂，悬在半空中的几吨重闸门突然脱落，砸中底下的施工人员，造成 2 名工人死亡。

图 3.6-1 闸门吊装事故现场

事故案例 2

龙门起重机倒塌特大事故

2001 年 7 月 17 日 8 时左右，某工地龙门起重机在吊装主梁过程中发生倒塌事故，造成 36 人死亡，3 人受伤，直接经济损失 8000 多万元。

事故主要原因：

1. 刚性腿在缆风绳调整过程中受力失衡。
2. 施工作业中违规指挥是事故的主要原因。
3. 吊装工程方案不完善、审批把关不严。
4. 施工现场缺乏统一严格的管理，安全措施不落实是事故伤亡扩大的原因。

图 3.6-2 龙门起重机倒塌事故现场

本条隐患判定的主要依据如下：

《水利水电工程金属结构制作与安装安全技术规程》（SL/T 780—2020）

6.1.5 闸门上的临时吊耳应经验算；临时吊耳、爬梯应焊接牢固，经检查确认合格后方可使用。

6.3.3　大件吊装作业应符合下列规定：

1 大件吊装应编制专项安全技术方案，超过一定规模时应经专家评审；专项方案应经审批、交底后实施。

3 闸门上的吊耳、悬挂爬梯应经过专门的设计验算，并经审批检查验收，确认合格后方可使用。

4 采用临时钢梁、龙门架、天锚起吊闸门前，应对其结构和吊点进行设计计算，履行正常审查、验收手续，并进行负荷试验。

6 部件起吊离地面 0.1m 时，应停机检查绳扣、吊具和吊装设备的可靠性，观察周围有无障碍物；上下起落 2~3 次，确认无问题后，方可继续起吊；已吊起的部件作水平移动时，应使其高出最高障碍物 0.5m。

9.3.1　钢管吊装应符合下列规定：

2 钢管吊运时，应计算其重心位置，确认吊点位置。钢管起吊前应先试吊，确认可靠后方可正式起吊。

正确做法示例

××水利工程

闸门吊装专项施工方案

××水利工程建设有限公司

（公章）

年　月　日

图 3.6-3　编制闸门吊装专项施工方案

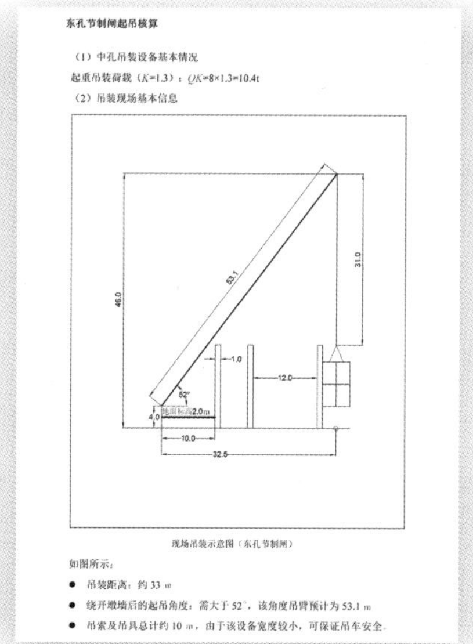

图 3.6-4　结构和吊点设计计算

（尺寸单位：m）

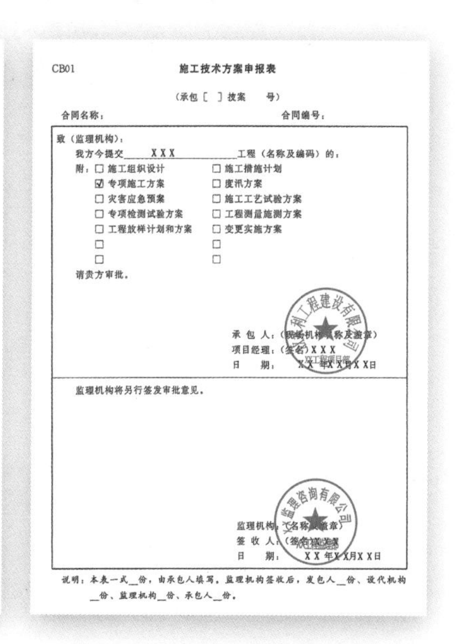

CB01　　施工技术方案申报表

（承包［　］技案　　号）

合同名称：　　　　合同编号：

致（监理机构）：

我方今提交＿＿XXX＿＿工程（名称及编码）的：

附：☐ 施工组织设计　☐ 施工措施计划

☑ 专项施工方案　☐ 度汛方案

☐ 灾害应急预案　☐ 施工工艺试验方案

☐ 专项检测试验方案　☐ 工程测量施测方案

☐ 工程放样计划和方案　☐ 变更实施方案

☐　☐

☐　☐

请贵方审批。

承 包 人：（现场机构名称及盖章）

项目经理：（签名）XXX

日　　期：XX年XX月XX日

监理机构将另行签发审批意见。

监理机构：（名称及盖章）

签 收 人：（签名）XXX

日　　期：XX年XX月XX日

说明：本表一式＿份，由承包人填写。监理机构签收后，发包人＿份、设代机构＿份、监理机构＿份、承包人＿份。

图 3.6-5　方案履行审批审查验收手续

图 3.6-6　闸门吊装前进行负荷试验（试吊）

图 3.6-7　施工现场闸门起重吊装作业

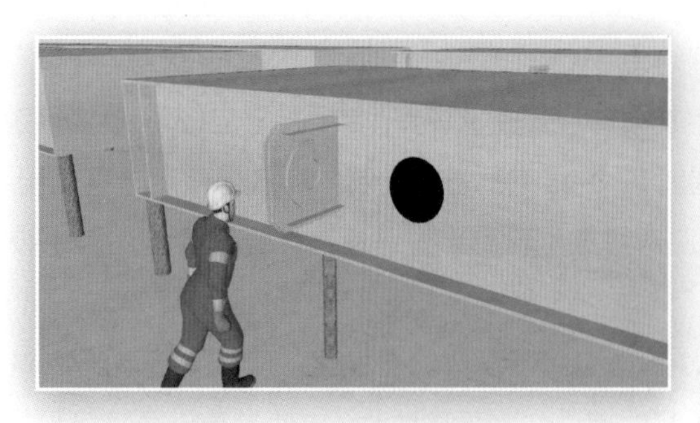

图 3.6-8　闸门吊耳板进场检查

图 3.6-9　闸门焊缝内部超声波无损探伤检测

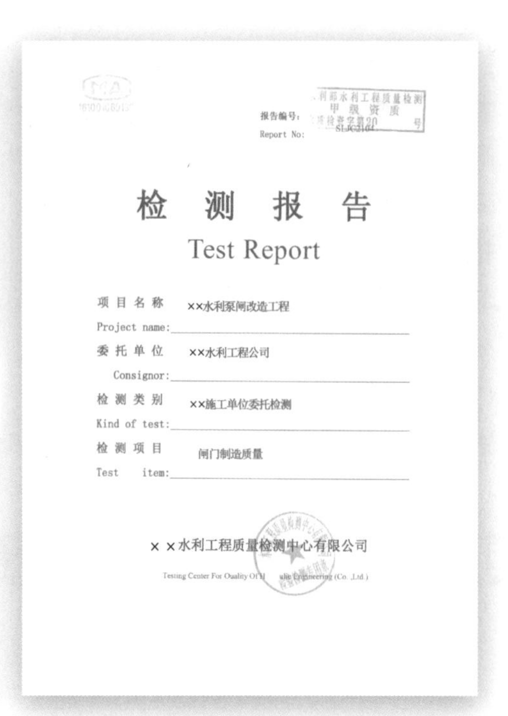

报告编号：

Report No:

检　测　报　告

Test Report

项 目 名 称　××水利泵闸改造工程

Project name:

委 托 单 位　××水利工程公司

Consignor:

检 测 类 别　××施工单位委托检测

Kind of test:

检 测 项 目　闸门制造质量

Test item:

× ×水利工程质量检测中心有限公司

图 3.6-10　闸门焊缝超声波无损探伤检测报告

3.7　高边坡、深基坑（SJ-J012）

断层、裂隙、破碎带等不良地质构造的高边坡，未按设计要求及时采取支护措施或未经验收合格即进行下一梯段施工。

判定隐患

图 3.7-1　不良地质构造高边坡支护不到位

图 3.7-2　不良地质构造高边坡上危石未清理

图 3.7-3　不良地质构造高边坡滑坡

本条隐患判定的主要依据如下：

《水利水电工程土建施工安全技术规程》（SL 399—2007）

3.4.9　高边坡作业时应遵守下列规定：

3 高边坡开挖每梯段开挖完成后，应进行一次安全处理。

4 对断层、裂隙、破碎带等不良地质构造的高边坡，应按设计要求及时采取锚喷或加固等支护措施。

6 高边坡施工时应有专人定期检查，并应对边坡稳定进行监测。

7 高边坡开挖应边开挖、边支护，确保边坡稳定和施工安全。

正确做法示例

图 3.7-4　高边坡支护

隐患条文　深基坑土方开挖放坡坡度不满足其稳定性要求且未采取加固措施。

判定隐患

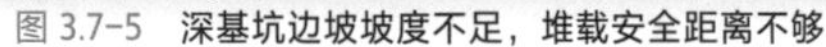
图 3.7-5　深基坑边坡坡度不足，堆载安全距离不够

图 3.7-6　深基坑边坡坡度不足

本条隐患判定的主要依据如下：

《水利水电工程土建施工安全技术规程》（SL 399—2007）

12.3.8　土方开挖应遵守下列规定：

1 土方开挖应根据施工组织设计或开挖方案进行，开挖应自上而下进行。严禁先挖坡脚。

2 开挖放坡坡度应满足其稳定性要求。开挖深度超过 1.5m 时，应根据图纸和深度情况按规定放坡或加可靠支撑，并设置人员上下坡道或爬梯，爬梯两侧应用密目网封闭。当深基坑施工中形成立体交叉时，应合理布局基位、人员、运输通道，并设置防止落物伤害的保护层。

3 坑（槽）沟边 1m 以内不应堆土、堆料，不应停放机械。

4 基坑开挖深度大于相邻建筑的基础深度时，应保持一定距离或采取边坡支撑加固措施，并进行沉降和移位观测。

6 挖土机作业的边坡应验算其稳定性，当不能满足时，应采取加固措施；在停机作业面以下挖土应选用反铲或拉铲作业，当使用正铲作业时，挖掘深度应严格按其说明书规定进行。有支撑的基坑使用机械挖掘时，应防止作业中碰撞支撑。

知识拓展

表 3.7-1　基坑支护结构的安全等级

安全等级	破坏后果
一级	支护结构失效、土体过大变形对基坑周边环境或主体结构施工安全的影响很严重
二级	支护结构失效、土体过大变形对基坑周边环境或主体结构施工安全的影响严重
三级	支护结构失效、土体过大变形对基坑周边环境或主体结构施工安全的影响不严重

注　主要依据《建筑基坑支护技术规程》（JGJ 120—2012）。

表 3.7-2　基坑各类支护结构的适用条件

<table>
<tr><td colspan="2" rowspan="2">结构类型
安全等级</td><td colspan="3">适用条件</td></tr>
<tr><td colspan="2">基坑深度、环境条件、土类和地下水条件</td><td></td></tr>
<tr><td rowspan="5">支挡式结构</td><td>锚拉式结构</td><td rowspan="5">一级、二级、三级</td><td>适用于较深的基坑</td><td rowspan="5">1. 排桩适用于可采用降水或截水帷幕的基坑；
2. 地下连续墙宜同时用作主体地下结构外墙，可同时用于截水；
3. 锚杆不宜用在软土层和高水位的碎石土、砂土层中；
4. 当邻近基坑有建筑物地下室、地下构筑物等，锚杆的有效锚固长度不足时，不应采用锚杆；
5. 当锚杆施工会造成基坑周边建（构）筑物的损害或违反城市地下空间规划等规定时，不应采用锚杆</td></tr>
<tr><td>支撑式结构</td><td>适用于较深的基坑</td></tr>
<tr><td>悬臂式结构</td><td>适用于较浅的基坑</td></tr>
<tr><td>双排桩</td><td>当锚拉式、支撑式和悬臂式结构不适用时，可考虑采用双排桩</td></tr>
<tr><td>支护结构与主体结构结合的逆作法</td><td>适用于基坑周边环境条件很复杂的深基坑</td></tr>
<tr><td rowspan="4">土钉墙</td><td>单一土钉墙</td><td rowspan="4">二级、三级</td><td>适用于地下水位以上或降水的非软土基坑，且基坑深度不宜大于 12m</td><td rowspan="4">当基坑潜在滑动面内有建筑物、重要地下管线时，不宜采用土钉墙</td></tr>
<tr><td>预应力锚杆复合土钉墙</td><td>适用于地下水位以上或降水的非软土基坑，且基坑深度不宜大于 15m</td></tr>
<tr><td>水泥土桩复合土钉墙</td><td>用于非软土基坑时，基坑深度不宜大于 12m；用于淤泥质土基坑时，基坑深度不宜大于 6m；不宜用在高水位的碎石土、砂土层中</td></tr>
<tr><td>微型桩复合土钉墙</td><td>适用于地下水位以上或降水的基坑，用于非软土基坑时，基坑深度不宜大于 12m；用于淤泥质土基坑时，基坑深度不宜大于 6m</td></tr>
<tr><td colspan="2">重力式水泥土墙</td><td>二级、三级</td><td colspan="2">适用于淤泥质土、淤泥基坑，且基坑深度不宜大于 7m</td></tr>
<tr><td colspan="2">放坡</td><td>三级</td><td colspan="2">1. 施工场地应满足放坡条件；
2. 可与上述支护结构形式结合</td></tr>
</table>

注　1. 主要依据《建筑基坑支护技术规程》（JGJ 120—2012）。
2. 当基坑不同部位的周边环境条件、土层性状、基坑深度等不同时，可在不同部位分别采用不同的支护形式。
3. 支护结构可采用上、下部以不同结构类型组合的形式。

正确做法示例

图 3.7-7　放坡支护形式

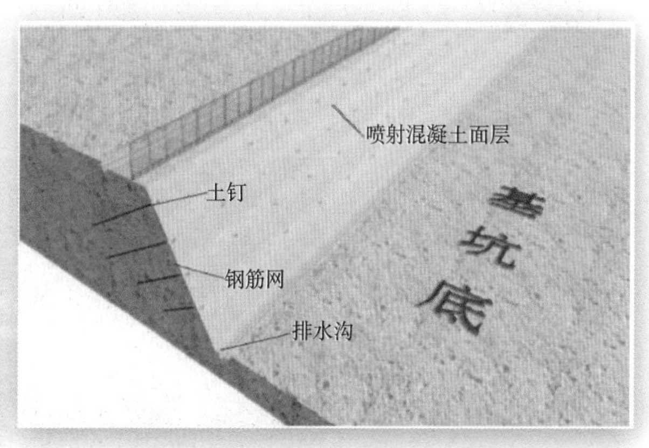

图 3.7-8　土钉墙支护形式

图 3.7-9　深基坑钢板桩支护形式

图 3.7-10　深基坑钢筋混凝土结构支撑与钢管内支撑组合支护形式

3.8　隧洞施工（1）（SJ-J013）

隐患条文　未按规定要求进行超前地质预报和监控测量。

判定隐患

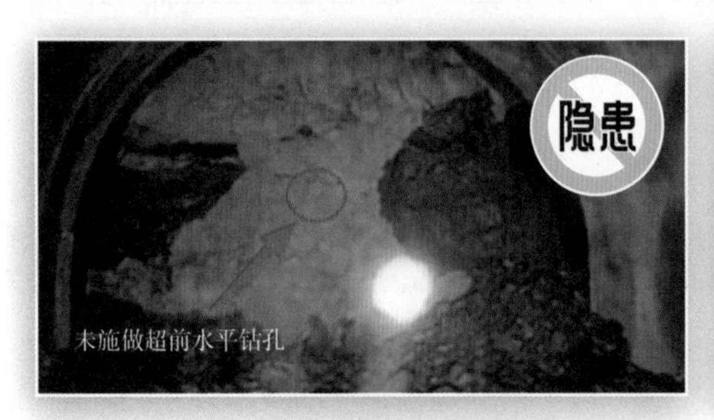

图 3.8-1　掌子面未施做超前水平钻孔

图 3.8-2　变形段监控测量点布设不规范

图 3.8-3　未按规定开展超前地质预报

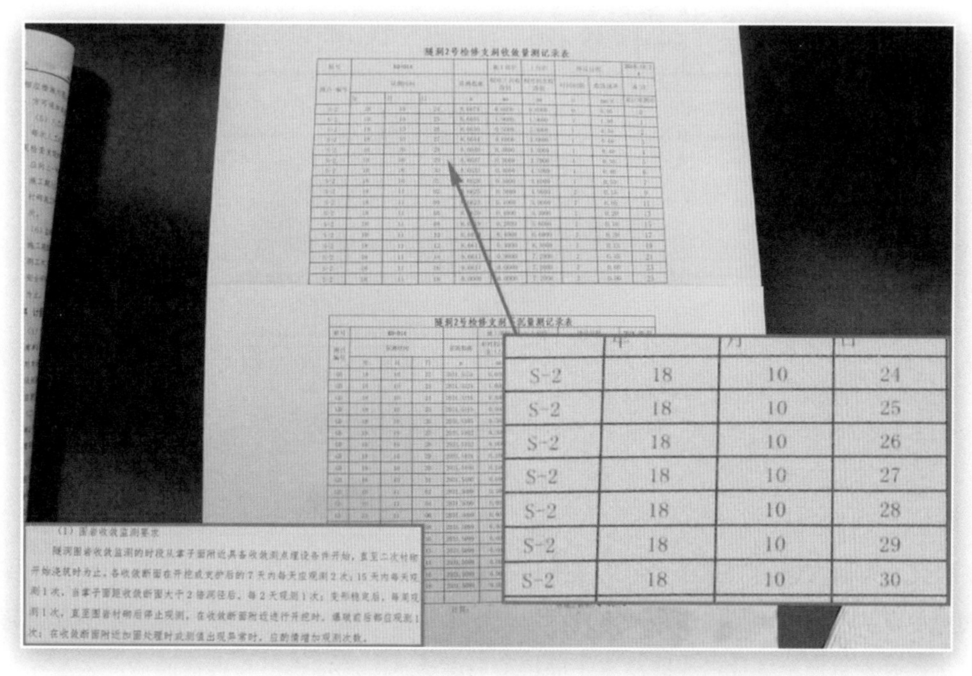

图 3.8-4　**未按规定频次开展监控测量（根据技术要求前 7 天应每天测量 2 次）**

事故案例

未开展超前地质预报导致坍塌、透水事故

2021 年 7 月 15 日 3 时 30 分，位于某省隧道施工过程中，掌子面拱顶坍塌（见图 3.8-5），诱发透水事故，造成 14 人死亡（事故发生时隧道作业人员平面分布见图 3.8-6），直接经济损失 3679 万元。

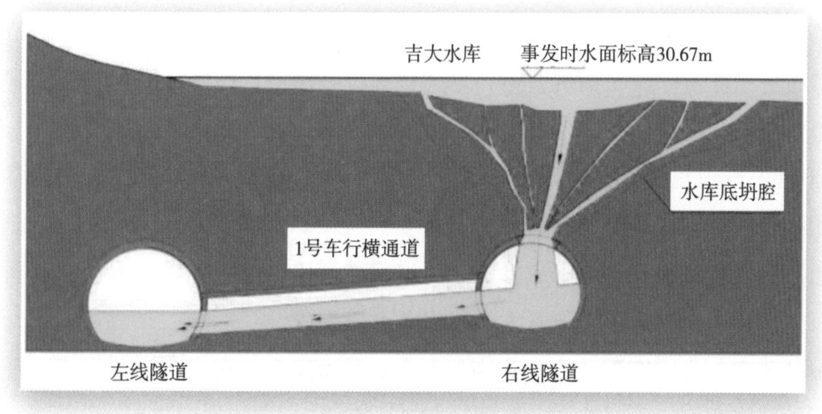

图 3.8-5　**掌子面拱顶坍塌透水示意图**

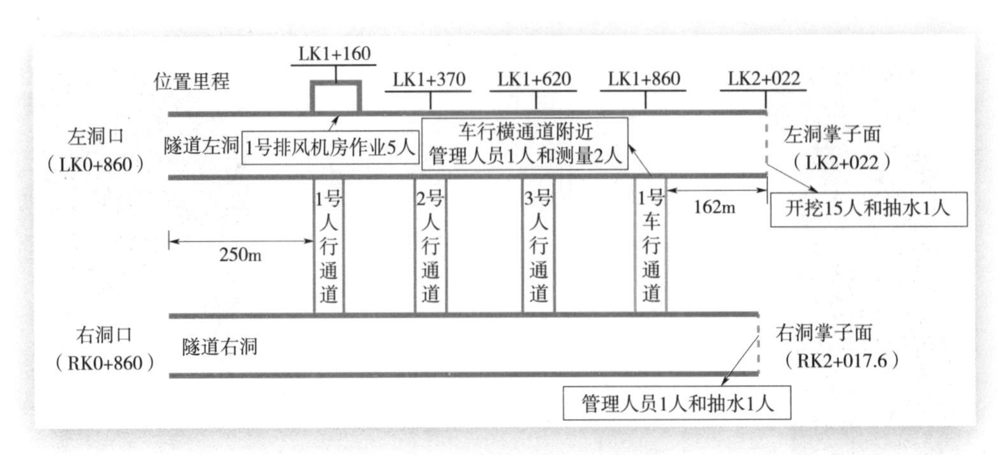

图 3.8-6　**事故发生时隧道作业人员平面分布**

事故主要原因：

隧道下穿某水库时遭遇富水花岗岩风化深槽，在未探明事发区域地质情况、未超前地质钻探、未超前注浆加固的情况下，不当采用矿山法台阶方式掘进开挖（包括爆破、出渣、支护等）、小导管超前支护措施加固和过大的开挖进尺，导致右线隧道掌子面拱顶坍塌透水。泥水通过车行横通道涌入左线隧道，导致左线隧道作业人员溺亡。

本条隐患判定的主要依据如下：

（1）《水工建筑物地下开挖工程施工规范》（SL 378—2007）

1.0.7　地下开挖工程施工过程中，应制定安全监测方案，开展安全监测工作。安全监测的信息应及时反馈给相关单位，以指导安全施工和优化设计。

3.0.2　地下开挖工程施工过程中，应做好下列施工地质工作：

1 地质编录和测绘工作，检验前期的勘察资料。

2 预测和预报可能出现的工程地质问题。

3 对不良工程地质问题开展专项研究，并提出处理措施。

4 开展安全监测工作，及时分析监测资料，进行围岩稳定性预报。

3.0.5　施工单位应根据实际施工情况，进行地质预报，并根据预报制定安全施工预案。必要时，监理单位可组织相关单位对安全施工预案进行审查。

5.1.11　地下洞室开挖过程中，应根据地下洞室的工程规模、地质条件、施工方法开展安全监测工作，以指导开挖施工和确定加固方案及支护参数。

5.7.8　在软岩和极软岩洞段开挖与一次支护施工过程中，应布置施工期安全监测仪器，根据监测结果调整施工方法、开挖循环进尺、预留变形量大小和临时支护参数。

9.1.4　应按设计要求，开展施工期的安全监测工作。现场安全监测应与施工同步进行。对大断面洞室和特殊部位宜进行长期监测。施工期的安全监测应按本标准第 10 章的规定执行。

（2）《水利水电地下工程施工组织设计规范》（SL 642—2013）

11.1.2　施工期安全监测应以监控围岩稳定状态和结构安全为主，具有施工期安全监测功能的运行期监测项目应兼顾施工期监测。

11.3.3　在隧洞穿越规模较大断层破碎带、滞水层或富含水地段、溶岩发育地段、浅埋地段前，应布置超前地质预测预报，预测预报范围应不小于超前掌子面距离 100m。

11.5.1　根据开挖进尺所揭示的不同地质条件，宜尽早安排监测，以便及早获得监测结果，为早期预测预报做好充分准备。

11.5.5　监测数据应及时处理和分析，其成果应以监测简报的形式定期向相关单位通报。监测简报主要内容应包括：

1 整理后的监测图表，即监测的最大量值、最大速率，监测量值与时间（进尺）关系曲线，监测量值的分布规律等。

2 当监测数据积累到一定程度时，监测量值与时间（进尺）关系曲线的回归分析或其他数学方法分析结果，最终监测量值的预测，以及监测量值的变化规律等。

3 结合开挖方式、支护形式、地质情况等影响因素进行监测成果的综合分析。

4 对施工措施的评价和建议。

5 围岩稳定情况的分析与评价。

（3）《水利水电工程锚喷支护技术规范》（SL 377—2007）

4.2.6　当地下洞室采用分部位开挖时，每序次开挖过程均应按相应的洞室尺寸，布置收敛监测仪器开展监测工作。量测开挖全过程围岩变形的多点位移计，应在第一次序开挖之前埋设。

（4）《岩土锚杆与喷射混凝土支护工程技术规范》（GB 50086—2015）

7.3.7　实施现场监控量测的隧洞与洞室工程应进行地质和支护状况观察、周边位移、顶拱下沉和预应力锚杆初始预应力变化等项量测。工程有要求时尚应进行围岩内部位移、围岩压力和支护结构的受力等项目量测。

7.3.8　现场监控量测的隧洞、洞室，若位于城市道路之下或临近建（构）筑物基础或开挖对地表有较大影响时，应进行地表下沉量测和爆破震动影响监测。

7.3.11　施工期间的监测项目宜与永久监测项目相结合，按永久监测的要求开展监测工作。

7.3.12　有条件时应利用导洞等开挖过程的位移监测值进行围岩弹性模量和地应力的位移反分析。

（5）《水利水电工程土建施工安全技术规程》（SL 399—2007）

3.5.12　施工安全监测项应遵守下列规定：

1 应根据工程地质与水文地质资料、设计文件，结合工程实际，确定具体的安全施工监测方案。

2 施工安全监测布置应包括下列重点：

1）洞内：Ⅲ～Ⅴ类围岩地段、地下水较丰富地段、断层破碎带、洞口及岔口地段、埋深较浅地段、受邻区开挖影响较大地段及高地应力区段等。

2）洞外：埋深较浅的软岩或软土区段。

3 施工安全监测应包括下列主要内容：

1）洞内：围岩收敛位移、围岩应力应变、顶拱下沉、底拱上抬、支护结构受力变形、爆破振动、有害气体和粉尘等。

2）洞外：地面沉降、建筑物倾斜及开裂、地下管线破裂受损等。

正确做法示例

图 3.8-7　地质雷达探测方法

图 3.8-8　TSP 物探方法

图 3.8-9　超前水平钻探测方法

图 3.8-10　瞬变电磁法

XX 勘测设计研究院

XX 引水工程施工地质编录综合描述卡（地下开挖工程）

建筑物名称	XX 隧洞	坐标或桩号	XXXX
编录段（块）编号	XX 隧洞进口	高程	XX
洞壁形态	洞顶塌方形成空腔		
岩性特征	围岩地层岩性主要为…………		
构造特征	该段位于…………		
风化特征	强风化		
水文地质特征	洞壁干燥		
岩体结构及围岩类别	岩体破碎，呈碎裂结构为主；综合判定为 V 类。		
工程地质问题及缺陷	受卸荷松弛及风化影响，岩体破碎，局部洞壁薄弱，开挖过程中出现塌方现象。		
处理措施及实施情况	围岩典型支护，对空腔进行回填并进行灌浆固结等加强措施。		
工程地质评价	隧洞埋深 XX 米…………洞顶出现空腔，围岩极不稳定。		
摄影、录像说明			

编录负责人：王 XX　　参加人：李 XX　　记录人：刘 XX　　2023 年 X 月 X

图 3.8-11　地质综合描述卡

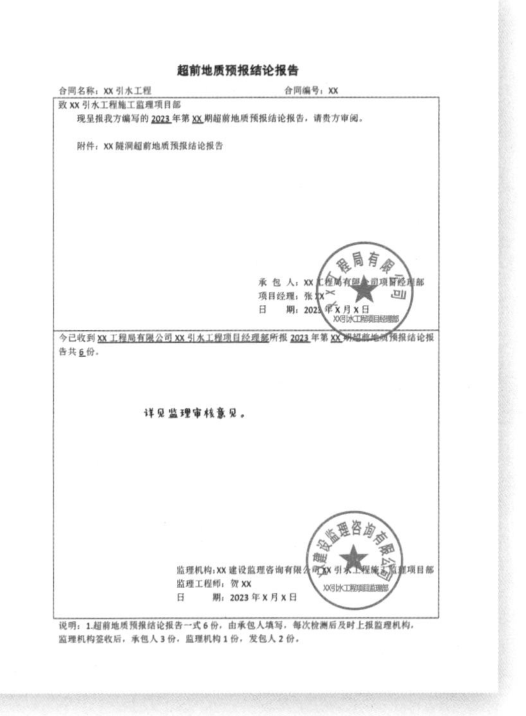

超前地质预报结论报告

合同名称：XX 引水工程　　合同编号：XX

致 XX 引水工程施工监理项目部

现呈报我方编写的 2023 年第 XX 期超前地质预报结论报告，请贵方审阅。

附件：XX 隧洞超前地质预报结论报告

承 包 人：XX 工程局有限公司项目经理部
项目经理：张 XX
日　　期：2023 年 X 月 X 日

今已收到 XX 工程局有限公司 XX 引水工程项目经理部所报 2023 年第 XX 期超前地质预报结论报告共 6 份。

详见监理审核意见。

监理机构：XX 建设监理咨询有限公司 XX 引水工程施工监理项目部
监理工程师：贺 XX
日　　期：2023 年 X 月 X 日

说明：1.超前地质预报结论报告一式 6 份，由承包人填写，每次检测后及时上报监理机构，监理机构签收后，承包人 3 份，监理机构 1 份，发包人 2 份。

图 3.8-12　超前地质预报结论报告

图 3.8-13　隧洞临时安全监测及布点

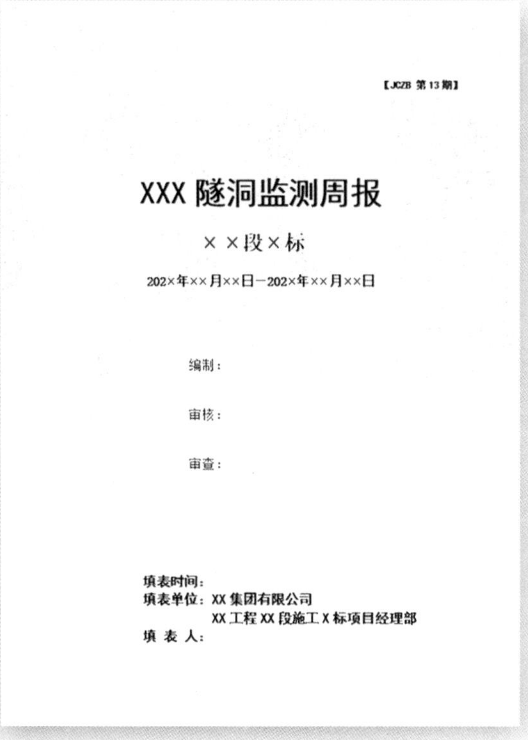

【JCZB 第 13 期】

XXX 隧洞监测周报

× ×段×标

202×年××月××日—202×年××月××日

编制：

审核：

审查：

填表时间：
填表单位：XX 集团有限公司
XX 工程 XX 段施工 X 标项目经理部
填 表 人：

图 3.8-14　隧洞监测周报

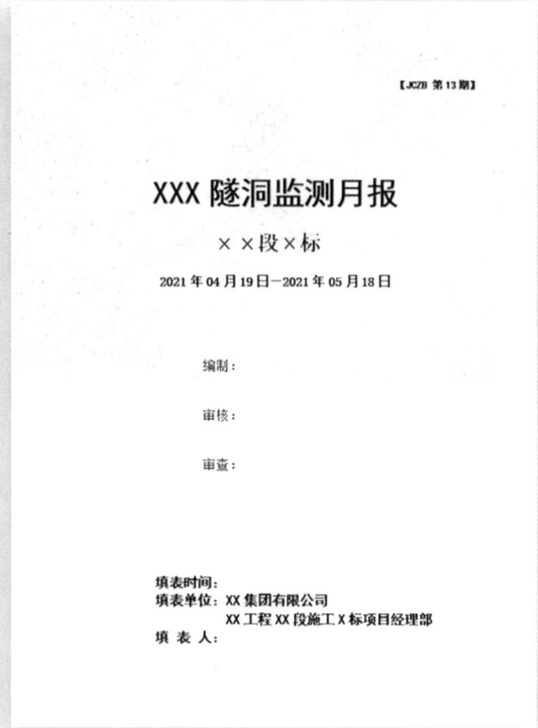

【JCZB 第 13 期】

XXX 隧洞监测月报

× ×段×标

2021 年 04 月 19 日—2021 年 05 月 18 日

编制：

审核：

审查：

填表时间：
填表单位：XX 集团有限公司
XX 工程 XX 段施工 X 标项目经理部
填 表 人：

图 3.8-15　隧洞监测月报

知识拓展

XX引水工程 超前地质预报公示牌
超前地质预报内容
特殊地质段说明
掌子面里程、围岩类别
锚杆检测情况
超前地质钻探施做情况
隧洞形象进度
累计进尺：
剩余进尺：
勇 于 跨 越
追 求 卓 越
云南省滇中引水二期配套工程昆明施工 1 段
安宁干线九子山隧洞施工支洞施工指示牌
超前地质预报内容
特殊地质段说明
掌子面里程、围岩类别
锚杆检测情况
超前地质钻探施做情况
隧洞形象进度
累计进尺：
剩余进尺：

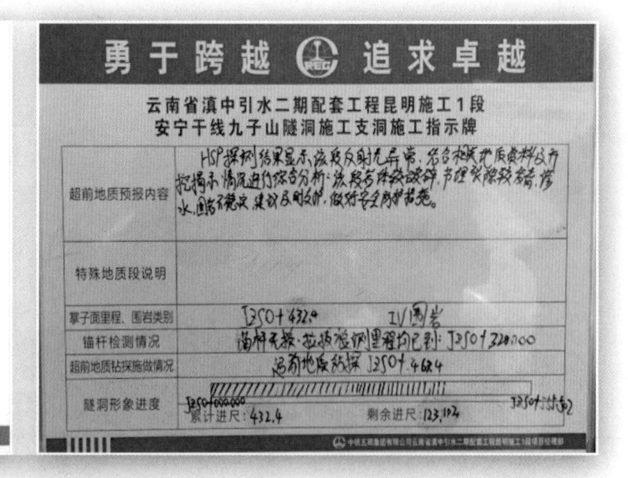

图 3.8-16　超前地质预报公示牌样式及示例（在隧洞口及洞内进行公示）

隐患条文　勘察设计与实际地质条件严重不符时，未进行动态勘察设计。

判定隐患

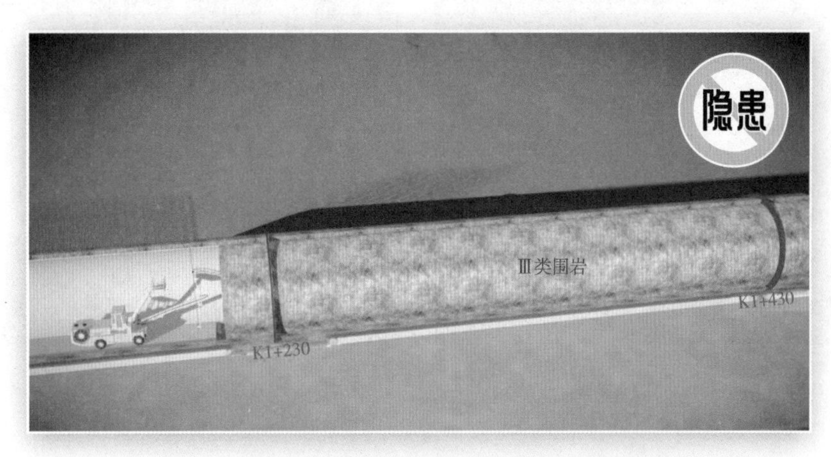

图 3.8-17　隧洞设计地质围岩判定：原设计地质条件（岩石条件较好）

图 3.8-18　实际地质条件与原设计严重不符，未进行动态勘察设计即开展施工

事故案例

因地质勘察结论与现场实际不符等原因导致坍塌事故

2007年11月20日，某省铁路Ⅱ线××隧道口发生特别重大坍塌事故，造成35人死亡、1人受伤，直接经济损失达1498万元（事故现场图例见图3.8-19和图3.8-20）。

事故主要原因：

1. 勘察设计单位提交的相关文件中有关隧道边坡稳定性的地质勘察结论与现场实际不符。
2. 地质勘察工作深度不够，勘察设计方案中的部分措施指导性不够。
3. 施工单位超前地质探测工作不到位。

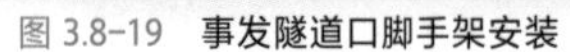

图 3.8-19　事发隧道口脚手架安装

图 3.8-20　隧道口坡面坍塌示意图

4．隧道洞口边坡岩体在长期表生地质作用下，受施工爆破动力作用，致使边坡岩石沿原生隐蔽节理面与母岩分离，在其自身重力作用下失稳向坡外滑出，岩体瞬间向下崩塌解体，造成事故。

本条隐患判定的主要依据如下：

（1）《水工隧洞设计规范》（SL 279—2016）

3.0.7　水工隧洞开挖后，设计人员应及时掌握隧洞各部位地质条件的变化情况，及时复核、补充或修改设计。对可能危及施工和运行安全的不良地质问题应进行专门研究。

（2）《水工建筑物地下开挖工程施工规范》（SL 378—2007）

3.0.4　地下开挖工程施工期间，若围岩条件与原勘察结果有较大变化，建设单位应委托勘察单位进行补充勘探，必要时还应进行专门的试验研究工作，复核原定的地质参数。施工单位应根据新的复核结果，调整施工方案，并报监理单位核准。

3.0.6　当地下开挖工程施工过程中，出现异常地质变化时，施工单位应做好记录，施工地质人员应进行详尽的地质测绘与编录，监理单位应及时组织设计、施工等单位共同商定处理措施。

正确做法示例

隧洞工程施工过程中，当发现原勘察设计情况与实际地质揭示严重不符时，应按照以下程序进行动态勘察设计：项目法人应印发《动态设计管理办法》，明确各类动态设计报审报批流程；当围岩地质发生较大变化时，施工单位先向监理方提交变更报告单，监理主持四方现场踏勘后，牵头完成现场四方签认单；然后组织会议讨论，出具技术方案现场处理卡；如果涉及永久结构安全的，设计单位应补发设计通知单。具体示例见图 3.8-21~ 图 3.8-26。

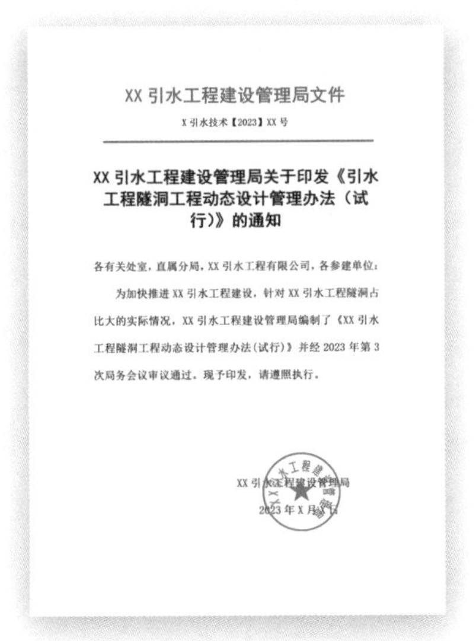

XX 引水工程建设管理局文件

X 引水技术【2023】XX 号

XX 引水工程建设管理局关于印发《引水工程隧洞工程动态设计管理办法（试行）》的通知

各有关处室，直属分局，XX 引水工程有限公司，各参建单位：

为加快推进 XX 引水工程建设，针对 XX 引水工程隧洞占比大的实际情况，XX 引水工程建设管理局编制了《XX 引水工程隧洞工程动态设计管理办法(试行)》并经 2023 年第 3 次局务会议审议通过。现予印发，请遵照执行。

XX 引水工程建设管理局

2023 年 X 月 X 日

图 3.8-21　动态设计管理办法

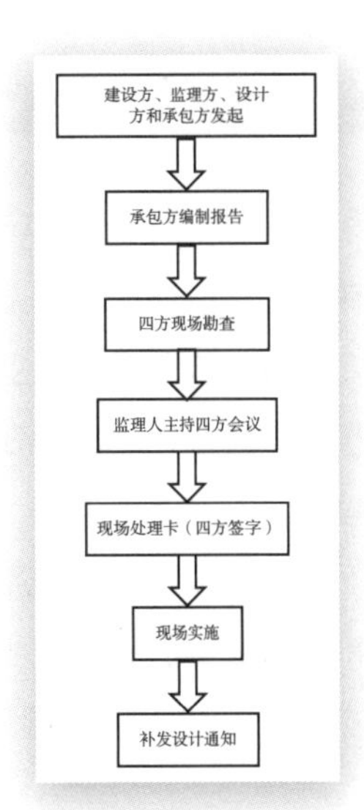

图 3.8-22　特殊类动态设计报审批流程

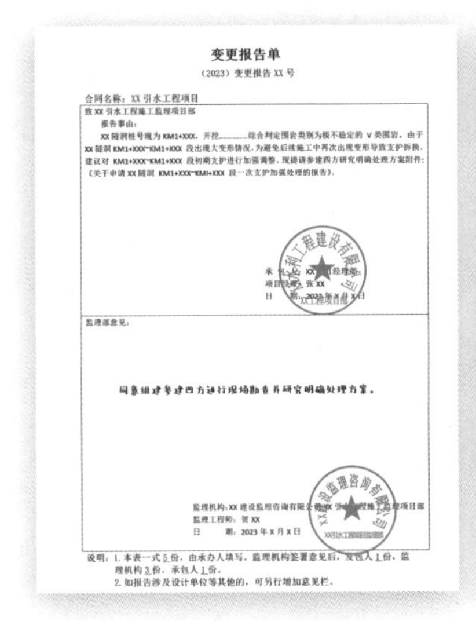

变更报告单

（2023）变更报告 XX 号

合同名称：XX 引水工程项目

致 XX 引水工程施工监理项目部

报告事由：

XX 隧洞桩号现为 KM1+XXX，开挖…………综合判定围岩类别为极不稳定的 V 类围岩。由于 XX 隧洞 KM1+XXX~KM1+XXX 段出现大变形情况，为避免后续施工中再次出现变形导致支护拆换，建议对 KM1+XXX~KM1+XXX 段初期支护进行加强调整。现提请参建四方研究明确处理方案附件：《关于申请 XX 隧洞 KM1+XXX~KMI+XXX 段一次支护加强处理的报告》。

承包人：XX 项目经理部
项目经理：张 XX
日　　期：2023 年 X 月 X 日

监理部意见：

同意组建参建四方进行现场勘查并研究明确处理方案。

监理机构：XX 建设监理咨询有限公司 XX 引水工程施工监理项目部
监理工程师：贺 XX
日　　期：2023 年 X 月 X 日

说明：1. 本表一式 5 份，由承办人填写。监理机构签署意见后，发包人 1 份，监理机构 3 份，承包人 1 份。
2. 如报告涉及设计单位等其他的，可另行增加意见栏。

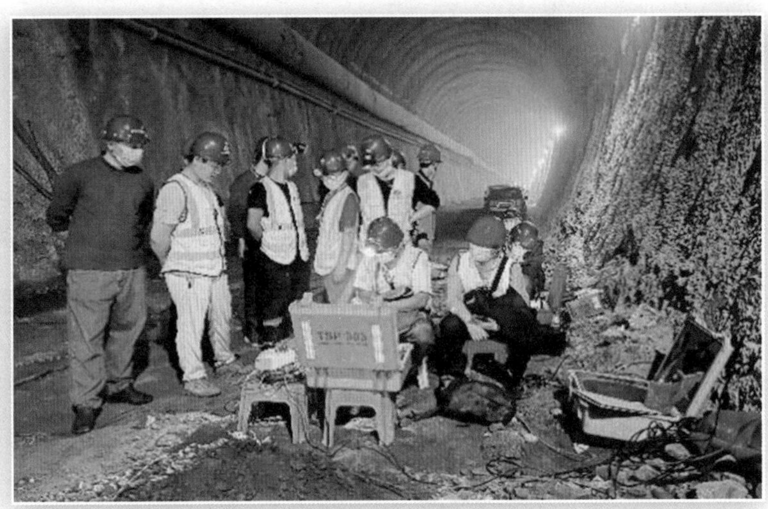

图 3.8-23　变更报告单及监理主持四方现场踏勘

附表 1

XX 引水工程现场四方签认单

承包人：________　标段：________
工作面：________　编号：________

建筑物名称			
里程桩号		日期	年 月 日
地质条件及建议：(包括围岩岩性、围岩类别、地下水情况等) （各方确认）			
支护措施及意见（包括匹配的典型设计措施、局部加强措施等）： （各方确认）			
四方代表会签	承包单位	（代表签字）　（盖章）	
	监理单位	（代表签字）　（盖章）	
	设计单位	（地质及设计代表签字）　（盖章）	
	建设单位	（代表签字）　（盖章）	

图 3.8-24　现场四方签认单

附表 2

XX 引水工程技术方案现场处理卡

承包人：________　标段：________
工作面：________　编号：________

建筑物名称			
里程桩号		日期	年月日
地质描述、原技术参数： （各方确认）			
处理意见（技术方案、原则、要求、简图）： （各方确认）			
四方代表会签	承包单位	（代表签字）　（盖章）	
	监理单位	（代表签字）　（盖章）	
	设计单位	（地质及设计代表签字）　（盖章）	
	建设单位	（代表签字）　（盖章）	

图 3.8-25　技术方案现场处理卡

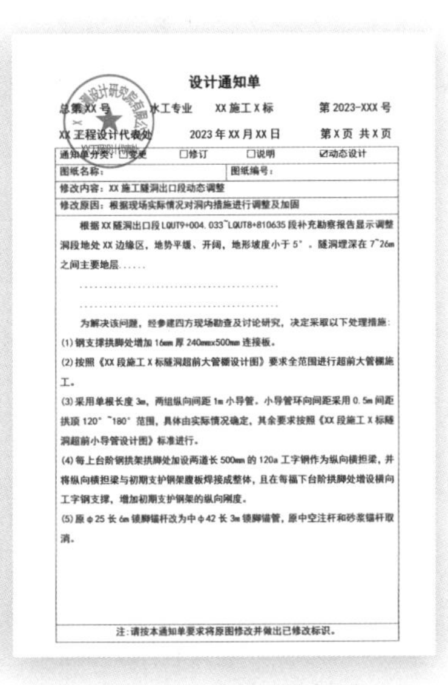

设计通知单

总第 XX 号　水工专业　XX 施工 X 标　第 2023-XXX 号

XX 工程设计代表处　2023 年 XX 月 XX 日　第 X 页 共 X 页

通知单分类：□变更　□修订　□说明　☑动态设计	
图纸名称：	图纸编号：
修改内容：XX 施工隧洞出口段动态调整	
修改原因：根据现场实际情况对洞内措施进行调整及加固	
根据 XX 隧洞出口段 LQUT9+004.033~LQUT8+810635 段补充勘察报告显示调整洞段地处 XX 边缘区，地势平缓、开阔，地形坡度小于 5°。隧洞埋深在 7~26m 之间主要地层…… …… …… 为解决该问题，经参建四方现场勘查及讨论研究，决定采取以下处理措施： (1) 钢支撑拱脚处增加 16mm 厚 240mm×500mm 连接板。 (2) 按照《XX 段施工 X 标隧洞超前大管棚设计图》要求全范围进行超前大管棚施工。 (3) 采用单根长度 3m，两组纵向间距 1m 小导管。小导管环向间距采用 0.5m 间距拱顶 120°~180° 范围，具体由实际情况确定，其余要求按照《XX 段施工 X 标隧洞超前小导管设计图》标准进行。 (4) 每上台阶钢拱架拱脚处加设两道长 500mm 的 120a 工字钢作为纵向横担梁，并将纵向横担梁与初期支护钢架腹板焊接成整体，且在每榀下台阶拱脚处增设横向工字钢支撑，增加初期支护钢架的纵向刚度。 (5) 原 φ25 长 6m 锁脚锚杆改为中 φ42 长 3m 锁脚锚管，原中空注杆和砂浆锚杆取消。	
注：请按本通知单要求将原图修改并做出已修改标识。	

图 3.8-26　设计通知单

知识拓展

《水工隧洞设计规范》（SL 279—2016）

3.0.7　水工隧洞开挖后，设计人员应及时掌握隧洞各部位地质条件的变化情况，及时复核、补充或修改设计。对可能危及施工和运行安全的不良地质问题应进行专门研究。

［条文说明］　由于各种因素的影响，在隧洞施工前难以对复杂多变的地质情况了解清楚。真实的地质条件大都是在施工过程中逐渐揭露出来的，往往与开挖前的隧洞设计条件有出入。在开挖期间，尤其在地质情况较复杂洞段和不良地质洞段，需要加强监测，摸清实际情况，及时修改设计。

对可能危及施工和运行安全的不良地质问题，只有进行必要的现场测试、试验和计算分析，即进行有针对性的专门研究，才能使设计更符合实际，保证施工顺利实施。

监控测量数据异常变化，未采取措施处置。

判定隐患

图 3.8-27　监控测量数据异常，单次速率或位移累计达到或超过预警值

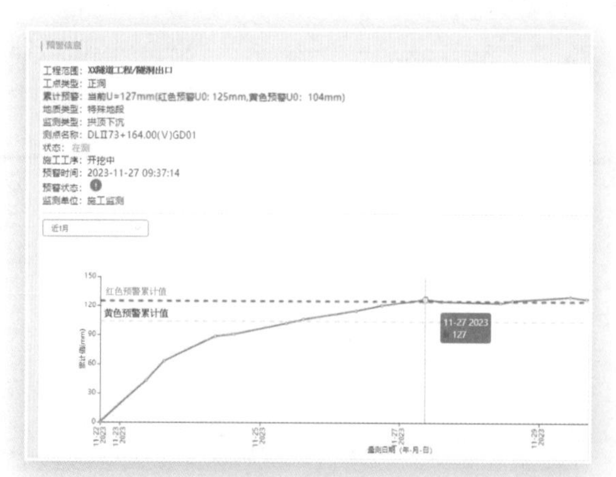

图 3.8-28　监控测量数据单次位移或累计位移超过规定值，预警平台即发出红色预警信号

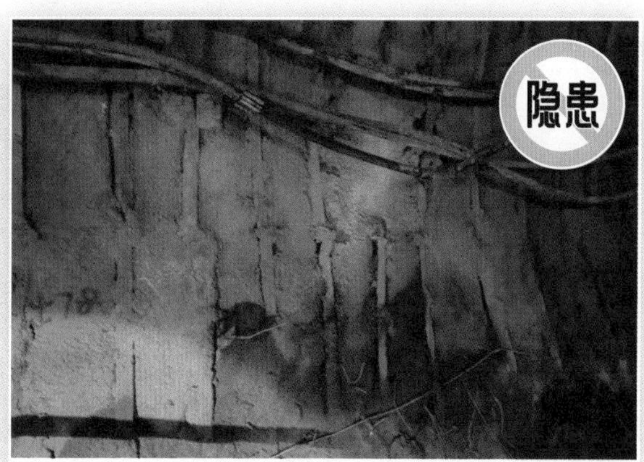

图 3.8-29　监控测量数据异常未及时采取处置措施，导致拱架挤压变形

本条隐患判定的主要依据如下：

（1）《水工建筑物地下开挖工程施工规范》（SL 378—2007）

9.4.7　软岩洞段开挖与支护后，应加密布置施工期安全监测断面，增加观测频次，及时通报监测结果；遇有异常情况，应立即启动安全施工紧急预案，及时采取加固措施。

10.0.11　当变形量与变形速率超过稳定标准时，应立即做出预报，采取补强措施，同时应加密监测频次，并及时提供观测成果。

（2）《水利水电地下工程施工组织设计规范》（SL 642—2013）

11.5.4　通过监测结果分析，发现围岩或支护结构有失稳预兆或险情时，应停止开挖，并应调整开挖方法和（或）支护措施。

（3）《水利水电工程锚喷支护技术规范》（SL 377—2007）

4.2.7　在施工期的安全监测中，可根据围岩类别，洞室开挖跨度及洞体埋深情况，按表 4.2.7 估算围岩的允许变形值做为围岩稳定状态的标准值。当实测围岩变形值出现下列情况之一时，应立即修正支护参数，进行二次支护或采取新的加固措施。

1 总变形量接近表 4.2.7 规定的允许值。

2 日变形量超过表 4.2.7 规定的允许值的 1/4~1/5。

表 4.2.7　允许变形标准值（%）

围岩类别	埋深 /m		
	<50	50~300	>300
Ⅲ	0.10~0.30	0.20~0.50	0.40~1.20
Ⅳ	0.15~0.50	0.40~1.20	0.80~2.00
Ⅴ	0.20~0.80	0.60~1.60	1.00~3.00

注 1：表中允许位移值用相对值表示，指两点间实测位移累计值与两测点间距离之比。
注 2：脆性围岩取小值，塑性围岩取较大值。
注 3：本表适用于高跨比为 0.8~1.2；Ⅲ类围岩开挖跨度不大于 25m；Ⅳ类围岩开挖跨度不大于 15m；Ⅴ类围岩开挖跨度不大于 10m 的情况。

（4）《岩土锚杆与喷射混凝土支护工程技术规范》（GB 50086—2015）

7.3.6 现场监控量测应由业主委托第三方负责实施，并应及时反馈监测信息。依据监测结果调整支护参数；需要二次支护时，还应确定二次支护类型、支护参数和支护时机。

7.3.9 需采用分期支护的隧洞洞室工程，后期支护应在隧洞位移同时达到下列三项标准时实施：

1 连续 5 天内隧洞周边水平收敛速度小于 0.2mm/d；拱顶或底板垂直位移速度小于 0.1mm/d；

2 隧洞周边水平收敛速度及拱顶或底板垂直位移速度明显下降；

3 隧洞位移相对收敛值已达到允许相对收敛值的 90% 以上。

7.3.10 洞室现场监控量测的周边位移，应结合围岩地质条件、洞室规模和埋深、位移增长速率、支护结构受力状况等进行综合评判：

1 当位移增长速率无明显下降，而此时实测的相对收敛值已接近表 7.3.10 中规定的数值，同时喷射混凝土表面已出现明显裂缝，部分预应力锚杆实测拉力值变化已超过拉力设计值的 10%；或者实测位移收敛速率出现急剧增长，则应立即停止开挖，采取补强措施，并调整支护参数和施工程序；

2 经现场地质观察评定，认为在较大范围内围岩稳定性较好，同时实测位移值远小于预计值而且稳定速度快，此时可适当减小支护参数；

3 支护实施后位移速度趋近于零，支护结构的外力和内力的变化速度也趋近于零，则可判定隧洞洞室稳定。

表 7.3.10 隧洞、洞室周边允许相对收敛值（%）

围岩类别	洞室埋深 /m		
	<50	50~300	300~500
III	0.10~0.30	0.20~0.50	0.40~1.20
IV	0.15~0.50	0.40~1.20	0.80~2.00
V	0.20~0.80	0.60~1.60	1.00~3.00

（5）《水利水电工程土建施工安全技术规程》（SL 399—2007）

3.5.12 施工安全监测项应遵守下列规定：

8 当围岩与支护结构具备以下变化特征时，可初步判别其变形将趋向稳定：

1）随着开挖面的远离，测值变化速率有逐渐减缓趋势。

2）测值总量已达到最大回归值 80%以上。

3）位移增长速率小于 0.1~0.3mm/d（软岩取大值）。

9 监测中发现下述任一情况时，应以险情对待，应跟踪监测，并应及时预警预报：

1）开挖面在逐渐远离或停止不变，但测值勤变化速率无减缓趋势或有加速增长趋势。

2）围岩出现间歇性落石的现象。

3）支护结构变形过大过快，有受力裂缝在不断发展等。

10 当监测中发现测值总量或增长速率达到或超过设计警戒值时，则认为不安全，应报警。

正确做法示例

当发现监控测量数据异常变化时（包括单次水平收敛或拱顶沉降监测），应采取以下处置措施：

如果发生黄色或橙色预警，首先组织作业人员及时撤离施工危险地段，邀请参建四方对现场进行勘察及评估，确定后续监测及施工措施。

如果发生红色预警、发现初支存在明显变形、围岩出现间歇性落石等现象后，施工单位应向监理方提交变更报告单，监理方及时组织召开预警分析及处理会议；施工单位根据会议内容制定和报批变形段处理专项施工方案，然后根据方案确定的处置措施进行变形段施工；现场处置完成后，经各方验收，消除预警信息。具体示例见图 3.8-30~图 3.8-37。

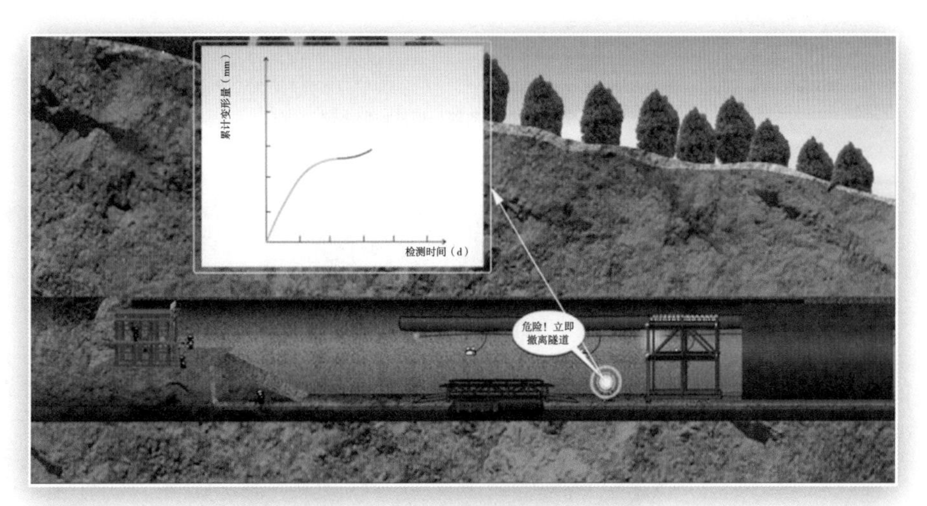

图 3.8-30　组织人员及时撤离施工现场

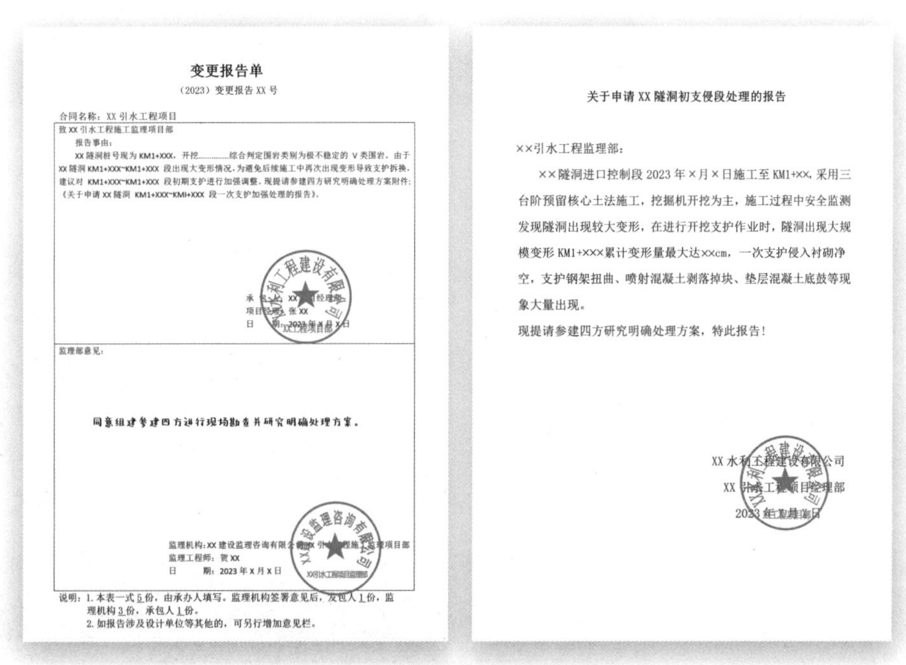

变更报告单

（2023）变更报告 XX 号

合同名称：XX 引水工程项目

致 XX 引水工程施工监理项目部

报告事由：

XX 隧洞桩号现为 KM1+XXX，开挖……………综合判定围岩类别为极不稳定的 V 类围岩。由于 XX 隧洞 KM1+XXX~KM1+XXX 段出现大变形情况，为避免后续施工中再次出现变形导致支护拆换，建议对 KM1+XXX~KM1+XXX 段初期支护进行加强调整。现提请参建四方研究明确处理方案附件：《关于申请 XX 隧洞 KM1+XXX~KMI+XXX 段一次支护加强处理的报告》。

承包人：XX 项目经理部
项目经理：张 XX
日　期：2023 年 X 月 X 日

监理部意见：

同意组建参建四方进行现场勘查并研究明确处理方案。

监理机构：XX 建设监理咨询有限公司 XX 引水工程施工监理项目部
监理工程师：贺 XX
日　期：2023 年 X 月 X 日

说明：1. 本表一式 5 份，由承办人填写。监理机构签署意见后，发包人 1 份，监理机构 3 份，承包人 1 份。
2. 如报告涉及设计单位等其他的，可另行增加意见栏。

关于申请 XX 隧洞初支侵段处理的报告

××引水工程监理部：

××隧洞进口控制段 2023 年×月×日施工至 KM1+××，采用三台阶预留核心土法施工，挖掘机开挖为主，施工过程中安全监测发现隧洞出现较大变形，在进行开挖支护作业时，隧洞出现大规模变形 KM1+×××累计变形量最大达××cm，一次支护侵入衬砌净空，支护钢架扭曲、喷射混凝土剥落掉块、垫层混凝土底鼓等现象大量出现。

现提请参建四方研究明确处理方案，特此报告！

XX 水利工程建设有限公司
XX 引水工程项目经理部
2023 年 X 月 X 日

图 3.8-31　施工单位提交“变更报告单”

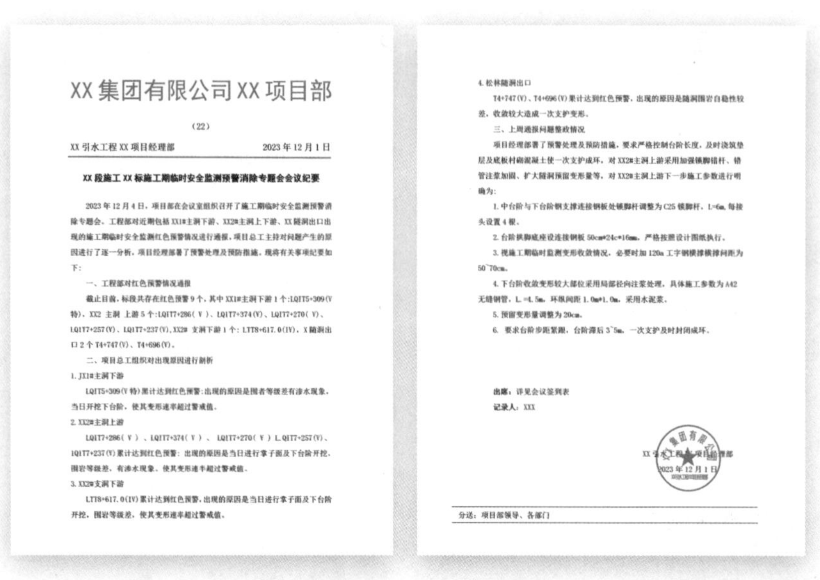

XX 集团有限公司 XX 项目部

（22）

XX 引水工程 XX 项目经理部　　2023 年 12 月 1 日

XX 段施工 XX 标施工期临时安全监测预警消除专题会会议纪要

2023 年 12 月 4 日，项目部在会议室组织召开了施工期临时安全监测预警消除专题会。工程部对近期包括 XX1#主洞下游、XX2#主洞上下游、XX 隧洞出口出现的施工期临时安全监测红色预警情况进行通报，项目总工主持对问题产生的原因进行了逐一分析，项目经理部署了预警处理及预防措施，现将有关事项纪要如下：

一、工程部对红色预警情况通报

截止目前，标段共存在红色预警 9 个，其中 XX1#主洞下游 1 个:LQIT5+309(V 特)，XX2 主洞 上游 5 个:LQIT7+286(V)、LQIT7+374(V)、LQIT7+270(V)、LQIT7+257(V)、LQIT7+237(V),XX2# 支洞下游 1 个: LTT8+617.0(IV)，X 隧洞出口 2 个 T4+747(V)、T4+696(V)。

二、项目总工组织对出现原因进行剖析

1. JX1#主洞下游

LQIT5+309(V 特)累计达到红色预警:出现的原因是围者等级差有渗水现象，当日开挖下台阶，使其变形速率超过警戒值。

2. XX2#主洞上游

LQIT7+286(V)、LQIT7+374(V)、LQIT7+270(V) LQIT7+257(V)、1QIT7+237(V)累计达到红色预警：出现的原因是当日进行掌子面及下台阶开挖，围岩等级差，有渗水现象，使其变形速率超过警戒值。

3. XX2#支洞下游

LTT8+617.0(IV)累计达到红色预警，出现的原因是当日进行掌子面及下台阶开挖，围岩等级差，使其变形速率超过警戒值。

4. 松林隧洞出口

T4+747(V)、T4+696(V)累计达到红色预警，出现的原因是隧洞围岩自稳性较差，收敛较大造成一次支护变形。

三、上周通报问题整改情况

项目经理部署了预警处理及预防措施，要求严格控制台阶长度，及时浇筑垫层及底板衬砌混凝土使一次支护成环，对 XX2#主洞上游采用加强锁脚锚杆、锚管注浆加固、扩大隧洞预留变形量等，对 XX2#主洞上游下一步施工参数进行明确为：

1. 中台阶与下台阶钢支撑连接钢板处锁脚杆调整为 C25 锁脚杆，L=6m，每接头设置 4 根。

2. 台阶拱脚底座设连接钢板 50cm*24c*16mm，严格按照设计图纸执行。

3. 视施工期临时监测变形收敛情况，必要时加 120a 工字钢横撑横撑间距为 50`70cm。

4. 下台阶收敛变形较大部位采用局部径向注浆处理，具体施工参数为 A42 无缝钢管，L =4.5m，环纵间距 1.0m*1.0m，采用水泥浆。

5. 预留变形量调整为 20cm。

6. 要求台阶步距紧跟，台阶滞后 3`5m，一次支护及时封闭成环。

出席：详见会议签到表

记录人：XXX

XX 引水工程 XX 项目经理部

2023 年 12 月 1 日

分送：项目部领导、各部门

图 3.8-32　召开预警分析及处理会议

XX 引水工程

（KM1+XXX-KM1+XXX）段
隧洞进口一次支护钢支撑拆除
与安装专项施工方案

XX 水利工程建设有限公司
（公章）

年　月　日

图 3.8-33　变形段处理专项施工方案

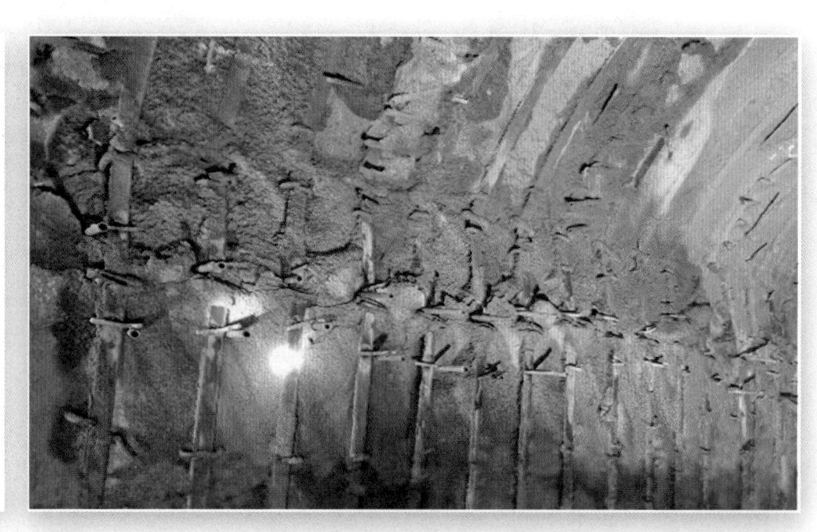

图 3.8-34　边墙增加小导管及注浆加固措施示例

图 3.8-35　变形段处置措施——锚索加固示例

图 3.8-36　换拱处理措施示例

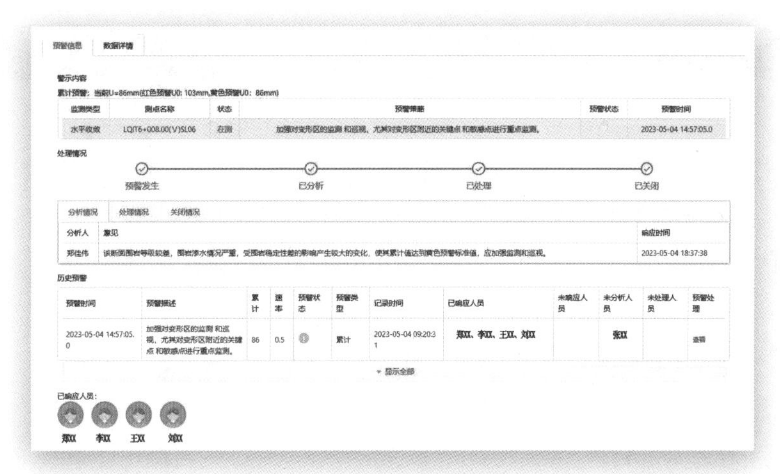

图 3.8-37　监测预警系统消警记录示例

地下水丰富地段隧洞施工作业面带水施工无相应措施或控制措施失效时继续施工。

判定隐患

图 3.8-38　隧洞富水地段未采取有效措施继续施工

图 3.8-39　隧洞地下水丰富地段未采取有效措施继续施工

事故案例

富水隧洞施工未采取有效措施导致物体打击事故

2018 年 7 月 20 日，×× 单位施工的一号隧洞出口渗水比较严重，作业人员在施工过程中拱部线路左侧突然出现掉块，造成 3 人死亡。

事故主要原因：

1. ×× 工程一号隧洞地质情况复杂，局部破碎，胶结层严重软化，围岩稳定性降低，自稳能力严重不足，持续暴雨导致地下水位急剧上升，隧洞覆盖层土体饱和，围岩地应力急剧加大，导致掉块。
2. 项目对长期富水条件下隐形节理认识不够，未能全面辨识隧道施工可能存在的潜在风险。

本条隐患判定的主要依据如下：

（1）《水工建筑物地下开挖工程施工规范》（SL 378—2007）

5.8.1 断层及破碎带、缓倾角节理密集带、岩溶发育、地下水丰富及膨胀岩体地段和高地应力区等不良地质条件洞段开挖，应根据地质预报，针对其性质和特殊的地质问题，制定专项保证安全施工的工程措施。

5.8.3 在岩溶发育地段进行洞室开挖时，应首先查明岩溶类型、溶蚀形态、充填及堆积物性质、分布范围及地下水活动规律。然后可根据岩溶规模、稳定程度采取下列工程措施：

1 当隧洞穿过岩溶洞穴，岩溶洞穴较大且没有充填物时，可采用填渣、架桥等方式通过，此时隧洞衬砌可按明管设计。

2 当溶洞中有松散、破碎充填物时，其底部可采用桩基、注浆加固等措施，洞身部位可按 5.8.2 条规定进行开挖施工。

3 当洞穴中有地下水时，应根据地下水位、洞穴之间地下水连通情况、补水来源，采用排、堵、截等方案。必要时可采用弱透水材料回填、水泥灌浆等截、堵措施。

5.8.7 采用预灌浆阻水方案时，应遵守下列规定：

1 预灌浆的范围、孔位布置、灌浆材料、灌浆压力及工艺，应根据渗水及涌水情况做专门设计。

2 预灌浆效果可用单位透水率或岩体声波波速和胶结的岩体强度值检验。

3 灌浆后的施工，应按短进尺、弱爆破、快支护、早衬砌的原则进行，中断面以上洞室应采用分部开挖，爆破药量应通过试验确定。

4 采用分段法进行预灌浆时，其阻浆段长度应根据灌浆压力与效果确定。

12.2.7 洞内排水应符合下列要求：

1 工作面及运输道路的路面不应有积水。

2 逆坡施工时，应设置排水沟自流排水，并经常清理，必要时可设置盖板。

3 顺坡或平坡施工时，应在适当地点设置集水坑并用水泵排水。

4 排水泵的容量应比最大涌水量大 30%~50%，使用一台水泵排水时，应有与排水泵相同容量的备用水泵；使用两台水泵排水时，应有 50% 的备用量。重要部位应设有备用电源。

5 寒冷地区的冬季，应防止洞口段排水沟或排水管受冻堵塞。

（2）《水利水电地下工程施工组织设计规范》（SL 642—2013）

3.2.4 在地下水丰富地段，应探明地下水活动规律、涌水量大小、地下水位及补给源，采用排、堵、截、引、灌浆阻水等技术方案：

1 当地下水丰富，涌水量较大时，可采用在掌子面或涌水处布置超前钻孔，将水集中引排，以减少开挖面渗水量。

2 截断补水源，降低地下水位。

3 利用侧导洞、集水井或平行支洞排水。

4 对围岩进行灌浆，降低围岩的渗透性或形成阻水帷幕。

正确做法示例

地下水丰富地段隧洞施工作业面带水施工时，应采取以下处置措施：

隧洞内发生渗水时，应立即加强抽排水，日常做好抽排设备的应急管理；当日常抽排措施无法满足施工要求时，施工单位应立即报告监理、设计、项目法人等单位，由监理方牵头组织踏勘和会议，出具技术方案现场处理卡；施工单位应编制富水洞段专项施工方案，并根据方案实施。具体示例见图 3.8-40~图 3.8-46。

图 3.8-40 监理方组织参建四方踏勘、会议

图 3.8-41 隧洞涌水常规措施——加强抽排水

××引水工程技术方案现场处理卡

承包人：××工程局有限公司　　　　标段：××段施工2标

工作面：××隧洞上游控制段　　　　标号：01

建筑物名称	××隧洞控制段上游		
里程桩号	×××	日期	2023年×月×日

地质描述、原技术参数：

地质描述：……

原技术参数描述及施工进展情况：……

发现/出现问题描述：……

图 3.8-42　技术方案现场处理卡

××省××引水工程××段施工××标

（合同编号：XXXX-XX-XXXX-XX-00X）

隧洞涌水专项治理方案

编制：张××

审核：李××

审批：王××

XXX局集团有限公司

XX省XX引水工程XX段施工XX标项目经理部

20XX年XX月XX日

图 3.8-43　施工单位制定专项方案

图 3.8-44　隧洞涌水处理措施——止水帷幕灌浆堵水示例

图 3.8-45　注浆堵水及超前支护示例

图 3.8-46　隧洞掌子面灌浆后固结效果检查

知识拓展

(1)《水利水电地下工程施工组织设计规范》(SL 642—2013)

3.2.4 在地下水丰富地段，应探明地下水活动规律、涌水量大小、地下水位及补给源，采用排、堵、截、引、灌浆阻水等技术方案。

[条文说明] 丰富的地下水不仅恶化了地质条件，而且也恶化了施工环境，有时甚至不能正常施工，因此地下水丰富地区，要根据工程地质与水文地质条件，采用排、堵、截、引的综合处理措施，当排、引、堵、截的效果不明显，进行预灌浆或形成阻水帷幕也是行之有效的措施之一。进行预灌浆后再开挖时要防止帷幕遭受破坏。对于地下水涌水量较大的地区，仅靠上述简单的措施是不够的。如锦屏水电站引水隧洞地下水极其丰富，最大涌水量达 3~7m^3/min，工程中为解决地下水，专门布置了一条平行引水隧洞的排水洞。

(2)公路工程施工安全技术规范(JTGF 90—2015)

9.11.1 富水软弱破碎围岩隧道施工应符合下列规定:

1 施工过程应加强对隧道围岩和支护结构变形、地下水变化的监测，并应依据监测结论动态调整设计和施工参数。

2 应严格控制开挖循环进尺，初期支护应及时施作。

3 应遵循“防、排、堵、截”相结合的原则治水。

4 施工中出现浑水、突水突泥、顶钻、高压喷水、出水量突然增大、坍塌等突发性异常情况应立即停止施工、分析异常原因，并应妥善处理。

9.11.2 岩溶地质隧道施工应符合下列规定:

1 应先开展地质调查，并根据综合地质预报对溶洞里程、影响范围、规模、类型、发育程度和填充物、储水及补给情况、岩层稳定程度以及与隧道的相对位置等做出预测分析，制定防范措施。

2 应遵循“因地制宜、综合治理”的原则施工。

3 隧道溶洞与地表水存在水力联系时，宜在旱季进行溶洞处理和隧道施工。

4 岩溶段爆破开挖应严格控制单段起爆药量和总装药量，控制爆破震动。

5 应备用足够数量的排水设备。

9.11.3 含水沙层和风积沙隧道施工应符合下列规定:

1 含水沙地段开挖应遵循“先治水、后开挖”的原则，风积沙地段开挖应遵循“先加固、后开挖”的原则；循环进尺应严格控制，并应加强监控量测。

2 开挖完成后应及时支护、尽早衬砌、封闭成环。施工过程中应遇缝必堵，严防沙粒从支护缝隙中漏出。

(3)某引水工程安全文明施工技术要求

3.4.3.7 涌水突泥防范措施

在输水线路众多输水隧洞、施工支洞的施工过程中，特别在深埋段，天然地下水位远高于开挖洞线，还有部分洞段穿越可溶岩。在岩溶发育洞段褶皱储水洞段或构造破碎导水洞段，地下水较丰富或外水压力较高，洞室开挖过程中可能会发生涌水突泥危险，如果预报不准或未采取合适的预处理措施或排水能力不足，可能引起工作面受淹，造成人员伤亡和设备受损。对突水突泥灾害，坚持“预防为主，防治结合”“有疑必探，先探后掘”的方针，采取“探、放、堵、截、排”综合措施，立足于采取主动措施，防患于未然。

矿山法施工仰拱一次开挖长度不符合方案要求、未及时封闭成环。

判定隐患

图 3.8-47　隧洞仰拱一次开挖进尺过大

图 3.8-48　仰拱开挖进尺大，未及时浇筑混凝土封闭成环

事故案例

仰拱施工步距超标等原因导致坍塌事故

2014 年 7 月 14 日 16 时 15 分，由 ×× 单位承建施工的 ×× 隧道（一号横洞工点）正洞进口方向掌子面，在上、下台阶正准备进行作业时，掌子面后方右侧拱腰及边墙突然坍塌，塌方体将洞身断面全部堵死，造成 1 人死亡。事故示意图见图 3.8-49。

图 3.8-49 仰拱一次开挖进尺过长，导致坍塌关门事故

事故主要原因：

1. ××隧道坍塌段岩性主要为薄层状硬脆的硅质岩夹泥质粉砂岩、泥灰岩等，岩体破碎至极破碎，完整性极差，事故发生前降雨频繁，受地表水的下渗加上施工爆破震动耦合作用，导致坍塌事故发生。
2. 项目部现场管控不到位，仰拱施工步距超标，施工期间现场安全巡查未能及时发现支护变形迹象。
3. 对隧道地质认识不清，对围岩变化风险认识不足，仰拱开挖工序管控不到位，一次开挖进尺过大，对可能出现的坍塌危险防控不力。

本条隐患判定的主要依据如下：

（1）《水利水电工程土建施工安全技术规程》（SL 399—2007）

3.3.3 土方暗挖应遵循“管超前、严注浆、短开挖、强支护、快封闭、勤量测、速反馈”的施工原则。

（2）《水工建筑物地下开挖工程施工规范》（SL 378—2007）

5.7.5 软岩和极软岩洞段应采用分部开挖，分部开挖面沿洞轴线的距离宜为 3~5m。每部位开挖后应立即进行临时支护，支护完成后方许可进行下一循环或下一分部的开挖。

9.4.4 当有地下水时，底板应及时采用早强混凝土进行封闭。底板厚度由地下水发育程度和围岩条件确定，并不应侵占永久性衬砌断面。

（3）《水利水电工程锚喷支护技术规范》（SL 377—2007）

7.3.1 在松散、软弱、破碎等稳定性差的围岩中进行锚喷支护施工时，应遵守下列规定：

1 应及时进行施工期现场量测，监视围岩或支护后的变形情况，掌握好支护时机，及时调整支护方案和支护参数。

2 支护应紧跟工作面进行，必要时应及时封闭掌子面、设置超前锚杆与封闭仰拱。

正确做法示例

图 3.8-50　仰拱开挖进尺严格按照技术要求进行控制

图 3.8-51　开挖后及时浇筑混凝土封闭成环

知识拓展

参照《公路隧道施工技术规范》（JTG/T 3660—2020）

7.2.8　仰拱部位开挖应符合下列规定：

1 应控制仰拱到掌子面的距离。必要时，仰拱应紧跟掌子面。

2 仰拱开挖时，应采取交通安全措施。

3 仰拱开挖长度：土和软岩应不大于 3m，硬岩应不大于 5m。开挖后应及时施作仰拱初期支护、二次衬砌及填充。

4 应做好排水设施，清除底面积水和松渣，严禁松渣回填。

16.8.4　沙层隧道仰拱应紧跟开挖面，适当缩短一次浇筑长度，及时封闭成环。

隐患条文

矿山法施工仰拱、初期支护、二次衬砌与掌子面的距离不符合规范、设计或专项施工方案要求。

判定隐患

图 3.8-52　隧洞施工仰拱至掌子面安全距离超标，不符合设计要求

图 3.8-53　隧洞掌子面围岩为Ⅳ类、Ⅴ类时，初期支护未紧跟掌子面，不符合规范及设计要求

图 3.8-54　设计要求“边挖边衬”的隧洞二次衬砌长距离未施工

事故案例

仰拱、二衬距离掌子面超过设计规定的安全距离导致坍塌事故

9 月 30 日 15 时 30 分左右，某高速公路项目部初期支护班组 9 名作业人员进入隧道右线掌子面进行钢拱架安装作业，16 时 5 分，在完成第一榀拱架安装时，距掌子面 ××m

（超过设计规定的安全距离）处的仰拱作业面隧道拱顶突然大面积坍塌，坍塌面长度 20m，体积约为 1300m^3，坍塌岩体将隧道掌子面全部封堵，造成掌子面 9 人被困，经过 90h 的抢救，被困人员全部获救。事故现场示意图见图 3.8-55。

图 3.8-55 隧道关门坍塌示意图

事故主要原因：

1. 隧道坍塌段为断层破碎带，岩体节理裂隙发育，围岩自稳性差，在重力作用下出现变形失稳。
2. 该段采用的初期支护参数不满足实际围岩变形情况的需要。
3. 仰拱、二衬距离掌子面安全距离超标，导致破碎地段围岩自稳能力不足。

本条隐患判定的主要依据如下：

（1）《水利水电工程土建施工安全技术规程》（SL 399—2007）

3.7.8 构架支护应遵守下列规定：

4）危险地段，支撑应跟进开挖作业面；必要时，可采取超前固结的施工方法。

（2）《水利水电工程施工安全防护设施技术规范》（SL 714—2015）

5.3.2 洞内施工应符合下列规定：

9 开挖支护距离：Ⅱ类围岩支护滞后开挖 10~15m，Ⅲ类围岩支护滞后开挖 5~10m，Ⅳ类、Ⅴ类围岩支护紧跟掌子面。

（3）《水利水电工程锚喷支护技术规范》（SL 377—2007）

9.1.3 在Ⅳ类、Ⅴ类围岩中进行施工作业时，应遵守下列规定：

1 锚喷支护作业应紧跟工作面。

（4）《水工建筑物地下开挖工程施工规范》（SL 378—2007）

5.4.2 竖井与斜井采用自上而下全断面开挖时，应遵守下列规定：

5 Ⅳ类、Ⅴ类围岩地段，应及时支护。开挖一段，支护或衬砌一段，必要时应在采用预灌浆的方法对围岩进行加固后再开挖。

5.7.5 软岩和极软岩洞段应采用分部开挖，分部开挖面沿洞轴线的距离宜为3~5m。每部位开挖后应立即进行临时支护，支护完成后方许可进行下一循环或下一分部的开挖。

5.7.9 应根据开挖与一次支护后围岩稳定情况，确定永久衬砌实施时间与永久衬砌的施工方法。

5.8.2 不良地质条件洞段应采用短进尺和分部开挖方式施工。开挖后应立即进行临时支护，支护完成后方可进行下一循环或下一分部的开挖。开挖循环进尺应根据监测结果调整，分部方法可根据地质构造及围岩稳定程度确定。

7.4.3 采用喷射混凝土或锚杆、钢筋网喷射混凝土衬砌时，衬砌应紧跟开挖面进行，衬砌设计与施工应按GB 50086—2001和SL 377—2007的规定执行。

9.1.3 同一地段临时支护与开挖作业间隔时间、施工顺序及支护跟进方式，应根据围岩条件、爆破参数、支护类型等因素确定。临时支护应根据批准的施工方法进行施工。稳定性差的围岩，临时支护应紧跟开挖作业面实施，必要时还应采用超前支护的措施。

9.4.1 软岩洞段的地下洞室，应在开挖后立即进行临时支护，临时支护应确保围岩稳定。

9.4.5 临时支护后，应根据临时支护与围岩的变形大小和支护的稳定状况，确定永久性混凝土衬砌的时间和施工方法。

9.5.4 在松散、破碎的岩体中，对岩体可采用预灌浆加固、先护后挖、边挖边护等方法施工。

9.5.5 在膨胀性岩体中，可采用喷锚支护及时封闭围岩，并根据监测结果，适时做好永久性衬砌。如岩体变形过大，可采用不封闭或可伸缩性支护结构。开挖时应预留足够的变形量。

13.2.9 开挖面与衬砌面平行作业时的距离，应根据围岩特性、混凝土龄期强度的允许质点振动速度及开挖作业需要的工作空间确定。由于地质原因，混凝土衬砌紧跟开挖面时，可按附录D的规定确定最大单段药量。

正确做法示例

图3.8-56 仰拱、衬砌与掌子面距离满足设计要求

图3.8-57 两台阶工法施工长度满足设计要求

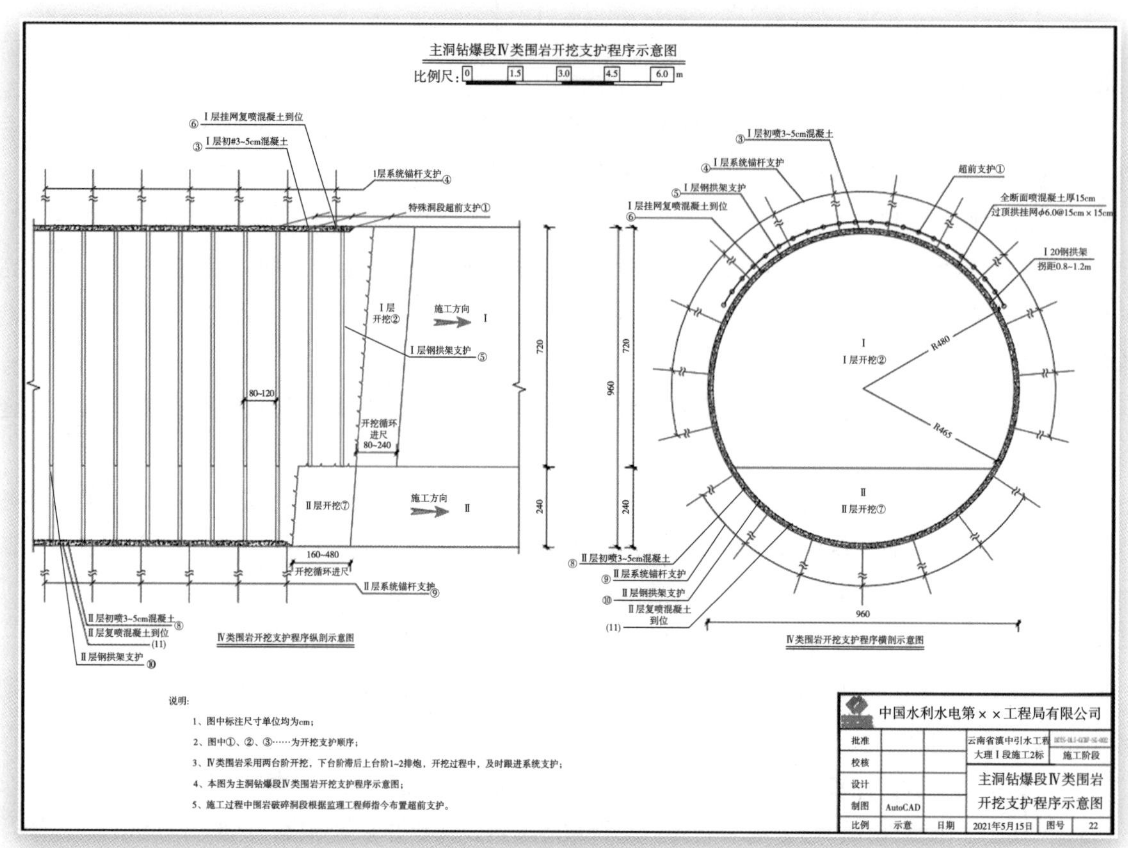

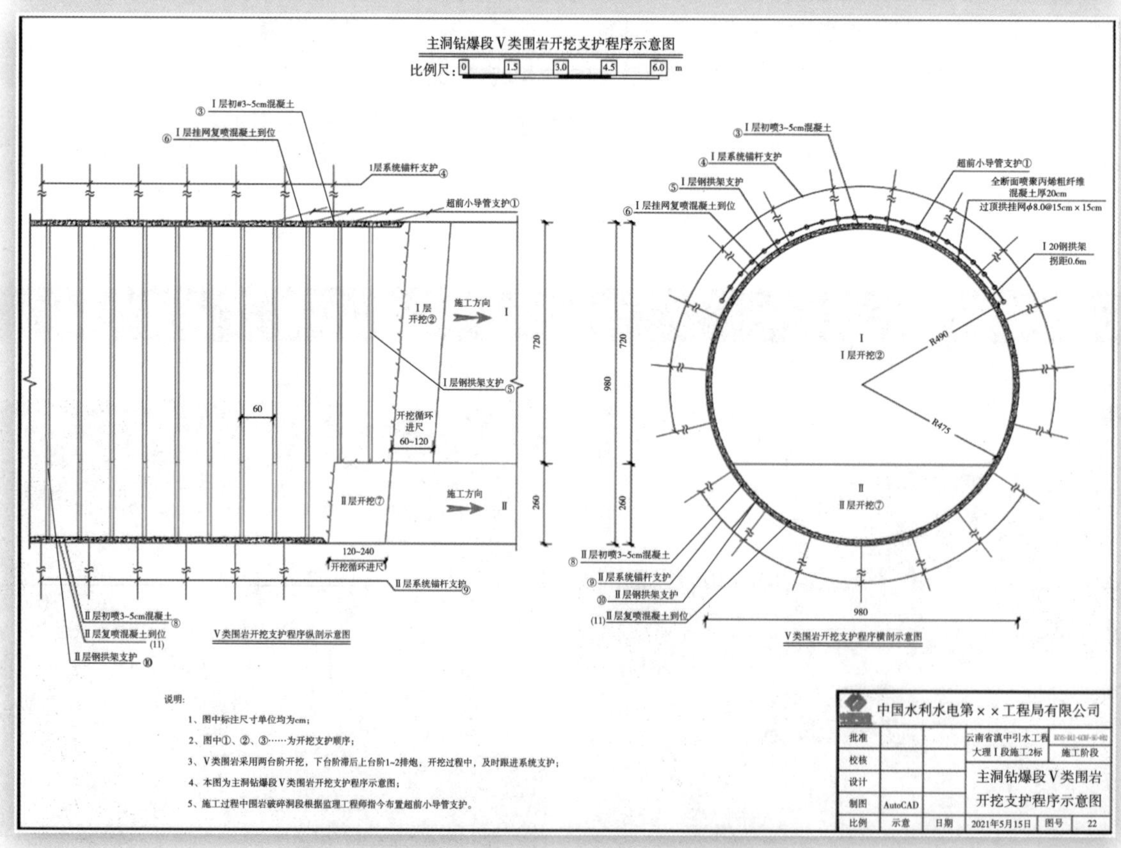

图 3.8-58 **某引水隧洞Ⅳ类、Ⅴ类围岩开挖支护程序示意图**

知识拓展

（1）《水工建筑物地下开挖工程施工规范》（SL 378—2007）

5.7.9　应根据开挖与一次支护后围岩稳定情况，确定永久衬砌实施时间与永久衬砌的施工方法。

［条文说明］　软岩和极软岩隧洞中开挖与一次支护后，为保证施工和运行期的安全，适时进行永久衬砌是必要的。对于开挖直径为 5~8m 的隧洞而言，开挖与一次支护 30m 左右再进行永久衬砌是较为适宜的，此时围岩与一次支护的变形已完成 80% 以上，还有不到 20% 的变形将以压应力作用在衬砌结构上。新疆某引水工程顶山隧洞的实测数据表明，开挖及一次支护完成 30 天后进行衬砌，衬砌中的压应力为 1~5MPa，衬砌结构对这一级别的压应力值是可以承受的，同时也保证了施工过程中的安全。

9.4.5　临时支护后，应根据临时支护与围岩的变形大小和支护的稳定状况，确定永久性混凝土衬砌的时间和施工方法。

［条文说明］　在软岩和极软岩洞段施工，合理地确定永久性衬砌施做的时间和施工方法是一个较为重要的问题。及早施作永久性衬砌，虽然可以保证施工安全，但不仅影响施工进度，更为重要的是永久性衬砌将承担绝大部分围岩压力，对永久运行不利。从减小永久性衬砌的围岩压力和保证结构安全的角度考虑，永久性衬砌应在围岩变形全部完成后施做较为有利，此时衬砌结构的整体性处理也比较容易，但会加大临时支护的造价。根据顶山隧洞的施工经验，开挖与临时支护完成后 30 天，开挖工作面距衬砌工作面 40~50m 时进行永久性衬砌较为合适。此时围岩与临时支护的变形已完成 80%~90%，衬砌所承受的围岩压力为 20%~10%，这与设计考虑的衬砌结构承受 20% 的围岩荷载是一致的。

（2）某引调水工程隧洞设计蓝图对二次衬砌步距的要求

1.6　隧洞桩号CJCT007+020~CJCT019+107和CJCT22+237m~CJCT22+630m洞段、涌水突泥风险等级A级及B级的洞段、断层安全风险等级为A级及B级洞段均应采用边挖边衬的施工方法，边挖边衬洞段混凝土浇筑与开挖掌子面的距离应符合以下要求：

（1）II类和III类围岩洞段不超过120m；

（2）IV类围岩洞段不超过90m；

（3）V类围岩洞段不超过70m；

（4）不良地质洞段不超过50m。

（5）对于V类围岩洞段、严重挤压变形洞段和极严重挤压变形洞洞段的混凝土浇筑时还应符合围岩水平收敛速度（拱脚附近7d平均值）小于0.2mm/d、拱部下沉速度小于0.15mm/d。如不符合本条，则应适当加大上述这些洞段衬砌混凝土浇筑与开挖掌子面的距离。

图 3.8-59　某引调水工程某隧洞边挖边衬砌步距设计要求

矿山法施工未及时处理拱架背后脱空、二衬拱顶脱空问题。

判定隐患

图 3.8-60　隧洞初期支护背后脱空

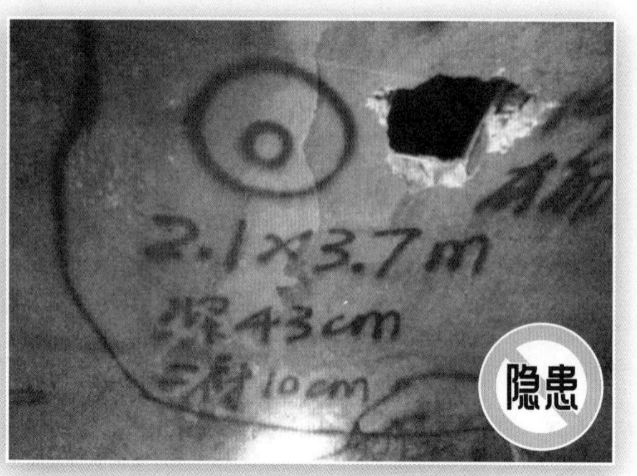

图 3.8-61　隧洞二次衬砌拱顶脱空

图 3.8-62　隧洞初期支护背后脱空

图 3.8-63　TBM 隧洞掘进中发生塌腔现象

本条隐患判定的主要依据如下：

（1）《水利水电工程锚喷支护技术规范》（SL 377—2007）

7.2.2　钢拱架的架设应遵守下列规定：

5 钢拱架同壁面应紧密接触，与围岩的空隙应用喷射混凝土充填。

（2）《水工建筑物地下开挖工程施工规范》（SL 378—2007）

9.3.3　拱架支撑应沿实际开挖轮廓线紧贴开挖面安装，与围岩之间的空隙应立即用喷射混凝土充填。空隙较大部位应以 ϕ25 钢筋支撑于岩面，再分次喷射混凝土直至充填饱满。

（3）《水工隧洞设计规范》（SL 279—2016）

10.1.1　混凝土、钢筋混凝土衬砌及封堵体顶部（顶拱）与围岩之间，必须进行回填灌浆。

正确做法示例

当隧洞施工初期支护背后、二次衬砌拱顶发现脱空时，应采取以下处置措施：

1 隧洞施工初期支护背后出现脱空时，应在脱空部位埋设混凝土泵送管及灌浆管，用混凝土及浆液进行充填至密实度满足设计要求；如因围岩自稳性较差或爆破产生掉块、溜坍等现象造成初期支护背后较大脱空的，监理应组织四方讨论并出具技术方案现场处理卡，施工单位积极采取措施处理。

2 针对隧洞二次衬砌拱部脱空的情况：一是在隧洞拱部位置衬砌混凝土浇筑时过程控制非常关键，要加强振捣及检查，推荐采用孔洞脱空监测预警设备进行辅助；二是二次衬砌达到龄期后，及时进行地质雷达检测，如果存在脱空，对脱空位置进行回填灌浆处理。具体示例见图 3.8-64~ 图 3.8-67。

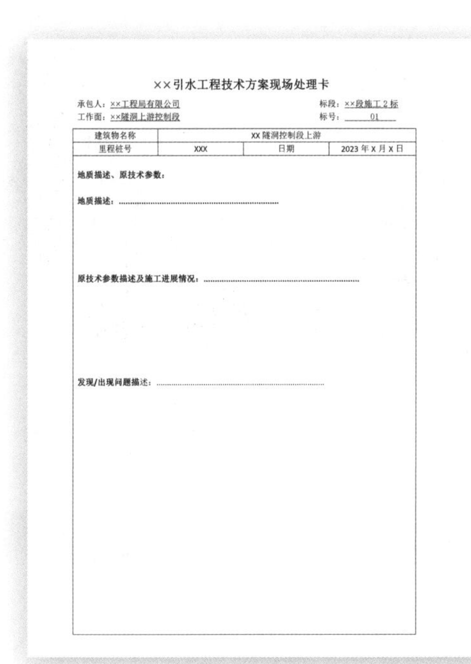

××引水工程技术方案现场处理卡

承包人：××工程局有限公司　　标段：××段施工 2 标

工作面：××隧洞上游控制段　　标号：01

建筑物名称	XX 隧洞控制段上游		
里程桩号	XXX	日期	2023 年 X 月 X 日

地质描述、原技术参数：

地质描述：……

原技术参数描述及施工进展情况：……

发现/出现问题描述：……

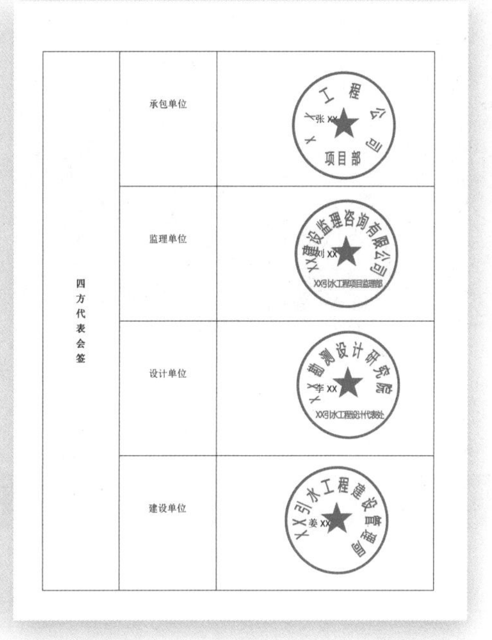

四方代表会签	承包单位	
	监理单位	
	设计单位	
	建设单位	

图 3.8-64　**技术方案现场处理卡**

图 3.8-65　**钻爆法施工隧洞初支背后脱空处理措施（预埋灌浆管、灌浆加固）**

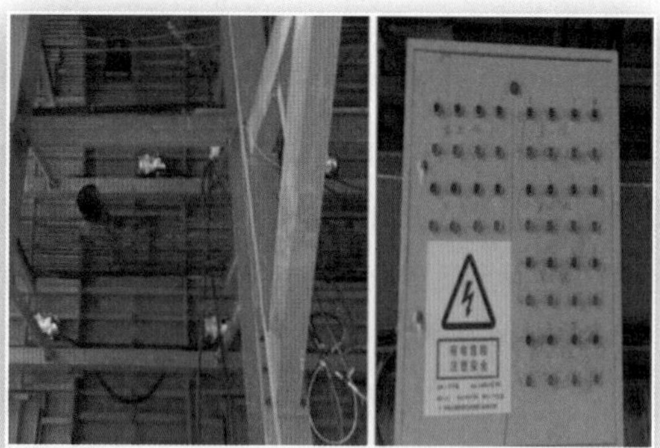

图 3.8-66　隧洞拱部位置衬砌混凝土浇筑过程控制非常关键，推荐采用孔洞脱空监测预警设备

图 3.8-67　对隧洞二衬进行地质雷达检测，如果存在脱空，对脱空位置及时进行回填灌浆处理

知识拓展

（1）《公路隧道施工技术规范》（JTG/T 3660—2020）

9.10.6　混凝土衬砌施工质量检查及控制标准应符合表 9.10.6 规定。

表 9.10.6　混凝土衬砌施工质量控制标准

序号	检查项目	规定值或允许偏差	检验频率	检验方法
1	……			
…	……			
4	衬砌背部密实状况	衬砌背后无杂物、无空洞	拱顶、两拱腰、边墙脚	目测、地质雷达探测
…	……			

注：衬砌背部密实状况，指模筑混凝土衬砌与初期支护之间的密实情况。

（2）名词解释

初期支护背后脱空：隧洞开挖支护施工过程中，因拱架背后喷混凝土不密实、隧道开挖轮廓凹凸不平、围岩破碎自稳性差造成掉块或坍塌等原因，从而造成钢拱架、钢筋网片、喷射混凝土等初期支护体系之间、体系与围岩之间存在的空隙。

衬砌拱顶脱空：指二次衬砌混凝土浇筑时拱部未注满，二次衬砌拱顶混凝土厚度不足，导致二次衬砌与初期支护间形成脱空。

TBM 隧洞塌腔：指 TBM 隧洞刀盘掘进过程中，因地质原因、施工工艺、隧洞结构型式等原因引起主机范围内发生塌方造成的空洞。

若塌方部位在洞室边墙，在出露护盾后，则必然以塌腔形式存在，由于 TBM 掘进机推进的工作原理，撑靴必须通过两侧洞壁提供反作用力，所以边墙塌腔的处理时间，必须在撑靴到达塌腔部位之前处理完成，否则 TBM 将无法前进；若塌腔部位在洞室顶部，在出露护盾后，或以塌腔形式存在，或以拱架顶部堆满虚渣形式存在，顶拱塌腔回填处理时间，在喷混桥到达该部位前适时将混凝土回填完成即可。图 3.8-68 为 TBM 隧洞塌腔处置示例。

图 3.8-68　TBM 法施工隧洞掌子面塌腔处理措施（人工清理刀盘、灌浆加固）

隐患条文

盾构施工盾尾密封失效仍冒险作业。

判定隐患

图 3.8-69　盾构机盾尾刷损坏

图 3.8-70　盾构机盾尾密封失效仍冒险作业导致漏浆

事故案例

盾尾密封失效导致透水及坍塌事故

2018 年 2 月 7 日 20 时 40 分许，×× 轨道交通 × 号线一期工程 ×× 盾构区间右线工地突发透水，引发隧道及路面坍塌，造成 11 人死亡、1 人失踪、8 人受伤，直接经济损失约 5323 万元。

事故主要原因：

盾尾密封装置在使用过程密封性能下降，盾尾密封被外部水土压力击穿，产生透水涌砂通道。

图 3.8-71 事故造成地面塌陷

本条隐患判定的主要依据如下：

（1）《盾构法隧道施工及验收规范》（GB 50446—2017）

7.4.7 盾尾密封刷进入洞门结构后，应进行洞门圈间隙的封堵和填充注浆。注浆完成后方可掘进。

（2）《全断面隧道掘进机盾构机安全要求》（GB/T 34650—2017）

5.1.7 所有涉及气体、液体的部位、部件均应满足压力密封要求，防止泄漏。

5.4.11 密封油脂系统应满足以下要求：

a）主轴承密封油脂与盾尾密封油脂宜选用环保材料；

b）油脂泵应具备空桶检测和报警功能。

5.4.12 盾尾宜采用不少于三道盾尾刷，盾尾刷之间应充满油脂，防止漏浆。

5.8.3.1 为预防涌水、涌砂、土体坍塌等事故发生，盾构机应满足以下要求：

c）盾尾和铰接装置宜配置紧急密封；

d）盾尾应具备更换盾尾刷的功能。

正确做法示例

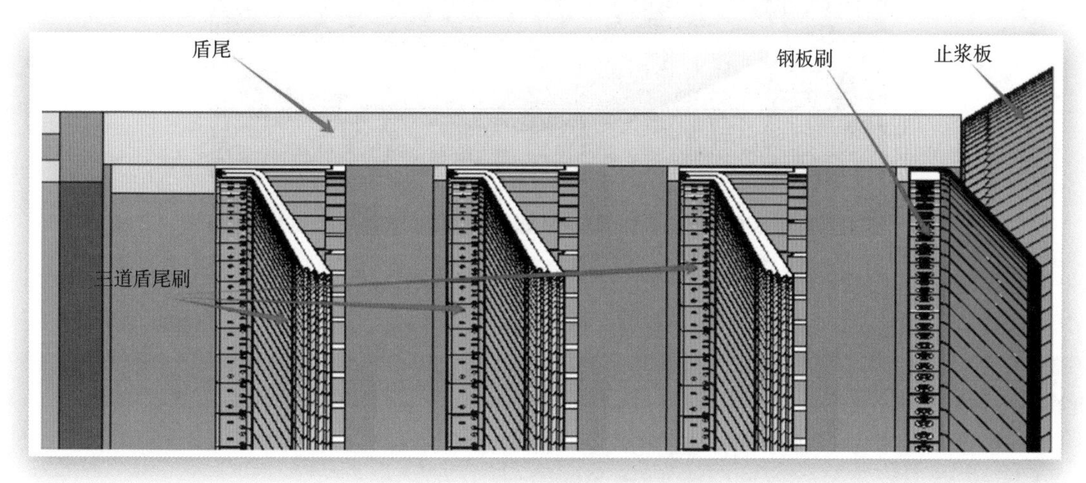

图 3.8-72　盾构机盾尾密封装置示意图

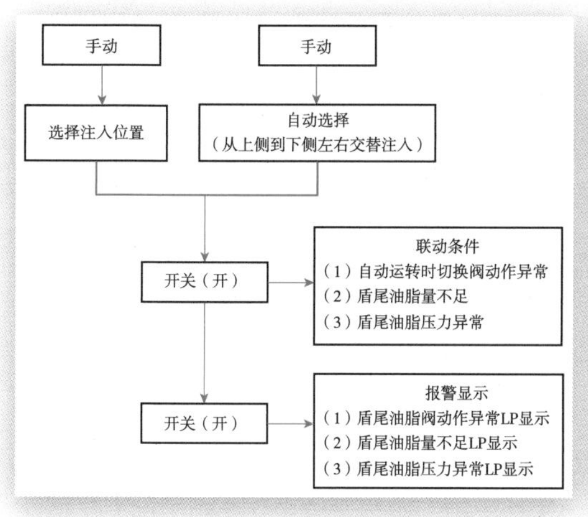

图 3.8-73　盾构机盾尾油脂压注正确程序

图 3.8-74　盾构机盾尾刷示例

图 3.8-75　盾构机盾尾油脂注入示例

图 3.8-76　盾构机盾尾油脂注入均匀

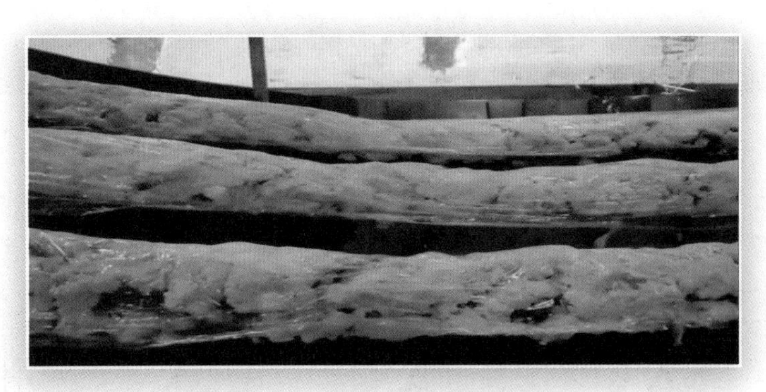

图 3.8-77 盾构机盾尾注密封效果

知识拓展

（1）《盾构法隧道施工及验收规范》（GB 50446—2017）

7.4.7 盾尾密封刷进入洞门结构后，应进行洞门圈间隙的封堵和填充注浆。注浆完成后方可掘进。

［条文说明］ 洞门圈间隙封堵和注浆时，应重视对盾尾密封刷的保护。

（2）盾尾密封的工作原理

1）盾尾有 3 道密封刷，盾尾密封刷之间的间隙通过注入盾尾密封油脂，保证盾尾管片背后同步注浆的浆液不会从管片和盾构机之间的间隙漏出，同时防止地下水渗漏到盾构机内。如果盾尾刷损坏，导致盾尾漏浆，地表下沉严重，同时地下水流入隧道，后果将不堪设想。

2）盾尾密封刷是隧道掘进中盾构机的一个重要部件，它的主要作用是防止土层和地下水进入盾构机尾部，并保护机械设备和作业人员的安全。盾尾密封的工作原理可以简要描述如下：

阻挡土层：盾构机在地下掘进时，前端刀盘不断推进并开挖土层，形成隧道。在盾构机尾部，盾尾密封的作用是阻挡土层的进入，防止土层从尾部进入盾构机的工作空间，避免对机械设备和工作人员造成损害。

密封地下水：盾尾密封还能够起到密封地下水的作用。在地下隧道掘进中，地下水会通过土层渗透进入掘进空间，如果没有有效的盾尾密封，地下水可能会进入盾构机尾部，影响盾构机的正常运行，并可能引起安全事故。

降低压力：在掘进过程中，土层和地下水的压力会对盾构机产生影响。通过盾尾密封将尾部空间与外部环境隔离，可以减少土层和地下水对盾构机的影响，维持机械设备的稳定运行。

排放泥浆：盾尾密封通常包含泥浆排放系统，可以将开挖过程中产生的泥浆和废料排出盾构机，并输送到地面处理，保持尾部空间的清洁和通畅。

综上所述，盾尾密封在盾构机中起到了阻挡土层、密封地下水、降低压力和排放泥浆等多重作用，保障了盾构机的正常运行和掘进工作的安全进行。不同类型的盾构机可能会采用不同的盾尾密封设计，以适应不同的地质条件和掘进要求。

（3）引起盾尾漏浆的原因分析（与盾尾刷失效有关）

1）盾构机始发前盾尾刷的油脂涂抹：盾构机始发前要在盾尾刷钢丝内涂抹油脂，涂抹标准为尾刷每根钢丝上要沾满油脂。如果涂抹不到位，会影响尾刷的密封效果，严重时漏浆。

2）盾构机的姿态影响：盾构机的姿态调整时纠偏量不能太大，纠偏过量容易使盾构机出现“蛇形”前进现象，致使盾尾间隙一边大一边小，间隙大的一边容易漏浆。盾尾间隙过小容易挤坏盾尾刷，造成尾刷钢丝超过其弹性变形，止浆失效而漏浆。

3）注浆压力控制不到位：注浆压力不能超过盾尾刷的最大承载压力。如果注浆压力过小，克服不了水土压力注浆注不进去；如果注浆压力过大，会击穿盾尾刷而漏浆。

4）盾尾油脂量和压力不足：在盾构掘进过程中，盾尾刷与管片的摩擦消耗的油脂与掘进速度成正比，速度过快则注入盾尾的油脂在单位时间内不能满足其消耗量，若不及时调整油脂泵注脂率，则盾尾刷内的油脂量和注入油脂的压力不够及时密封盾尾，势必造成密封效果减弱，形成盾尾漏浆。

5）盾尾密封损坏或质量有缺陷：盾尾刷密封装置受偏心管片过度挤压后产生塑性变形而失去弹性，或盾尾刷制造时质量有缺陷，承载力不够，致使盾尾刷密封性能下降，在注浆压力作用下导致浆液从盾尾漏出。

（4）盾尾密封油脂质量控制的重要性

1）盾尾刷与管片之间存在摩擦，摩擦力过大容易损坏盾尾装置，而盾尾油脂除了起到密封作用，还可以起到润滑和保护钢丝刷不生锈损坏，减小管片与盾尾刷之间的摩擦力，延长盾尾刷使用寿命的作用。

2）只有保证盾尾密封的完好，才能有效的防止水和泥浆，盾尾密封系统正是实现这一目标的关键系统，否则整个盾构施工将无法进行。

盾构施工未按规定带压开仓检查换刀。

判定隐患

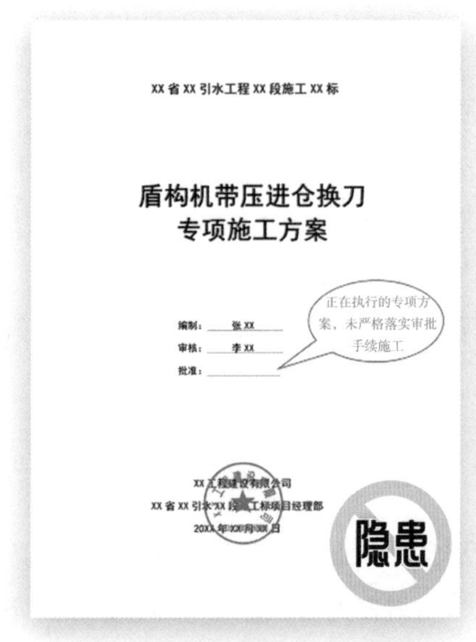
XX省XX引水工程XX段施工XX标

盾构机带压进仓换刀
专项施工方案

编制：张XX
审核：李XX
批准：

XX工程建设有限公司
XX省XX引水XX段施工XX标项目经理部
20XX年XX月XX日

图 3.8-78　专项方案未及时审批即实施

图 3.8-79　技术人员未执行带压换刀的技术要求

事故案例

未按规定开仓作业导致隧洞坍塌

某市政项目盾构机在不稳定地层开仓作业时未进行地层加固、保压，未经规范要求计算工作压力，未进行保压试验等，压力不足导致仓内压力失稳、隧洞坍塌、路面沉陷，压力过大导致地面冒浆、冒气现象。

图 3.8-80　地面冒浆、冒气示意图

图 3.8-81　路面沉降示意图

本条隐患判定的主要依据如下：

（1）《盾构法隧道施工及验收规范》（GB 50446—2017）

7.8.4　当在不稳定地层开仓作业时，应采取地层加固或压气法等措施，确保开挖面稳定。

7.8.6　气压作业前，开挖仓内气压必须通过计算和试验确定。

7.8.7　气压作业应符合下列规定：

1 刀盘前方的地层、开挖仓、地层与盾构壳体间应满足气密性要求；

2 应按施工专项方案和安全操作规定作业；

3 应由专业技术人员对开挖面稳定状态和刀盘、刀具磨损状况进行检查；

4 作业期间应保持开挖面和开挖仓通风换气，通风换气应减小气压波动范围；

5 进仓人员作业时间应符合国家现行标准《空气潜水减压技术要求》（GB/T 12521）和《盾构法开仓及气压作业技术规范》（CJJ 217）的规定。

（2）《盾构法开仓及气压作业技术规范》（CJJ 217—2014）

3.0.5　严禁仓外作业人员进行转动刀盘、出渣、泥浆循环等危及仓内作业人员安全的操作。

5.1.3　气压作业开仓前，应确认地层条件满足气体保压的要求，不得在无法保证气体压力的条件下实施气压作业。

正确做法示例

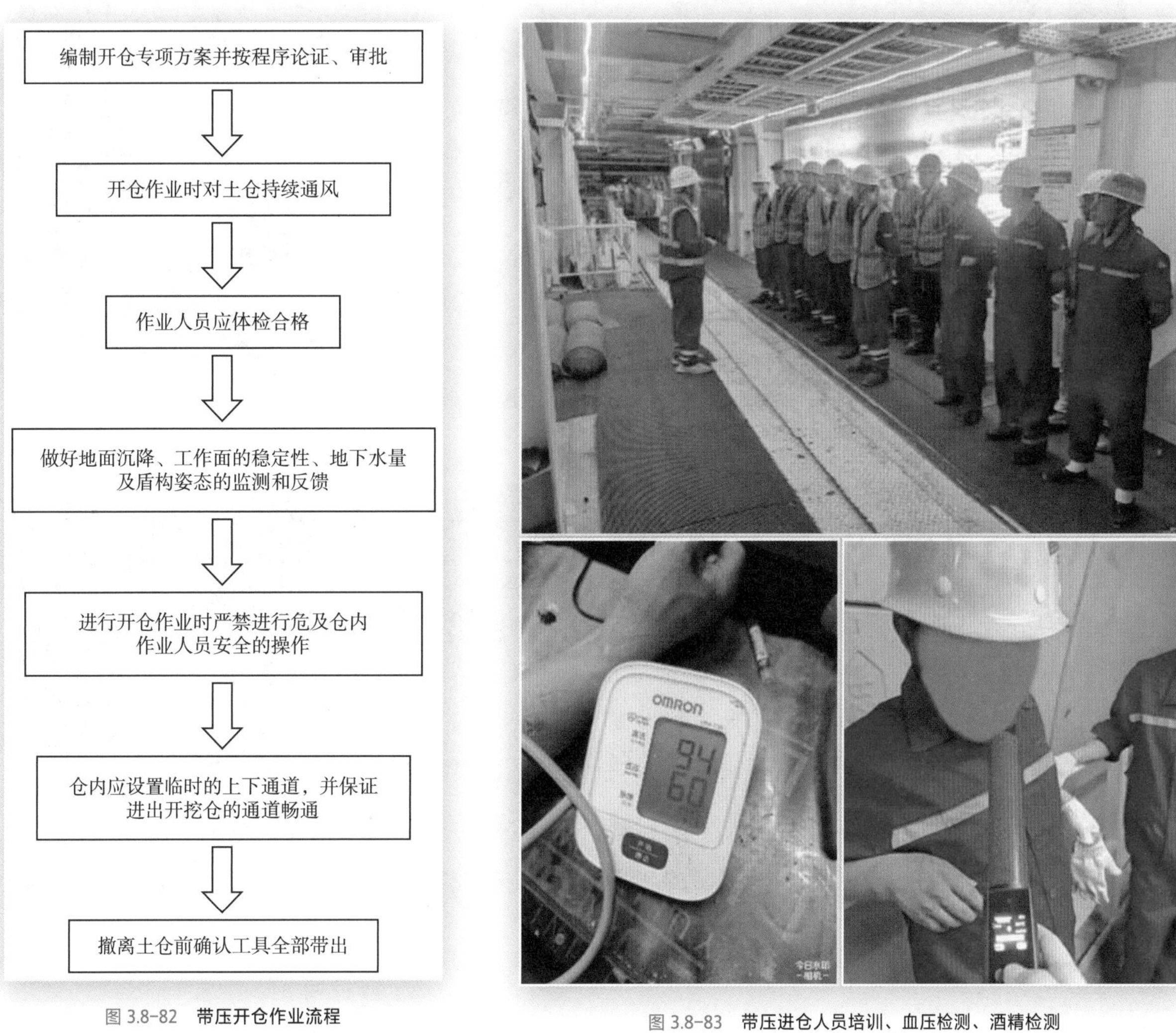
编制开仓专项方案并按程序论证、审批
开仓作业时对土仓持续通风
作业人员应体检合格
做好地面沉降、工作面的稳定性、地下水量及盾构姿态的监测和反馈
进行开仓作业时严禁进行危及仓内作业人员安全的操作
仓内应设置临时的上下通道，并保证进出开挖仓的通道畅通
撤离土仓前确认工具全部带出
OMRON
94
60

图 3.8-82　**带压开仓作业流程**

图 3.8-83　**带压进仓人员培训、血压检测、酒精检测**

图 3.8-84　**低压照明、气体检测、进仓材料准备**

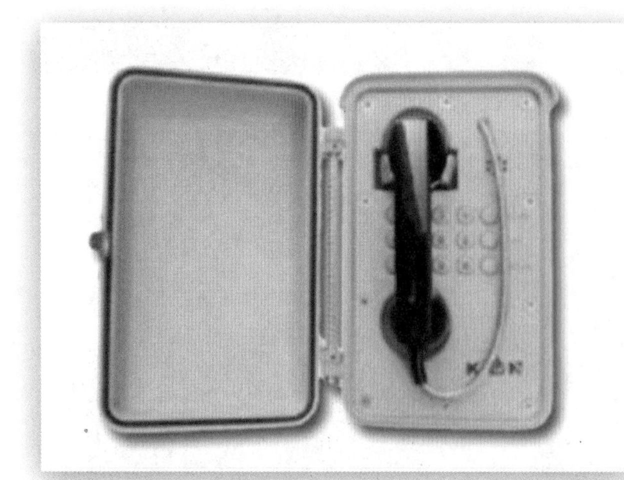

图 3.8-85　应急电话、带压进仓应急氧舱、空压机、发电机等应急物资

图 3.8-86　人仓气密性检查、操仓作业

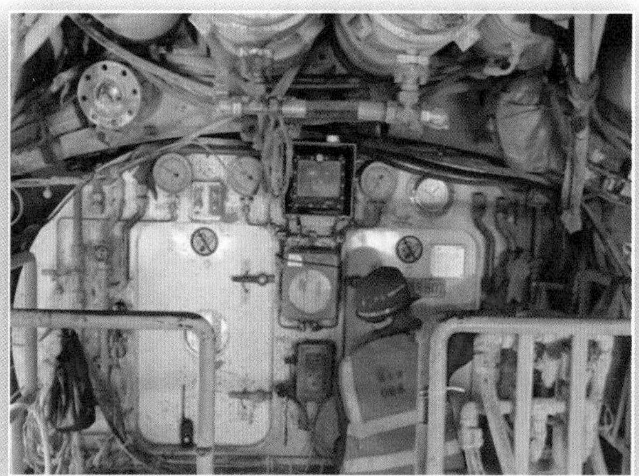

图 3.8-87　减压出仓

知识拓展

（1）《盾构法隧道施工及验收规范》（GB 50446—2017）

7.8.6　气压作业前，开挖仓内气压必须通过计算和试验确定。

［条文说明］ 本条为强制性条文。盾构掘进施工过程中，由于地质条件的复杂性和不可预见性，通常需要专业技术人员进入盾构开挖仓进行刀具等设备检查、更换作业。开仓作业包括常压作业和气压作业。对于气压作业，开挖仓内气压与开挖工作面土侧压力相适应，以保证开挖面稳定和防止地下水渗漏。因此需要通过理论计算和保压试验确定合理气压值。

开挖仓内工作气压可按下式计算：

$$P=P_w+P_r$$

式中：P 为工作压力值；P_w 为计算至隧道开挖中心的水头压力；P_r 为考虑不同地质条件、地面环境及开挖面位置的压力调整值，通常情况下可取 0~20kPa。

对于土压平衡盾构，在开仓前进行渣土输出，同时加入气体进行置换。当开挖仓内压力达到预定值时（预定值不得低于计算所得的理论工作压力），打开自动保压系统。当仓内土体降低到设定高度后，若开挖仓压力保持 2h 无变化或不发生大的波动时表明保压试验合格。对于泥水平衡盾构，采用优质泥浆置换开挖仓泥浆，在高于掘进时开挖仓泥水压力下制造泥膜，根据泥水、气体逸散速率判断泥膜保压性能，必要时采用浆气多次置换保障泥膜的厚度和强度，若供气量小于供气能力的 10% 时，开挖仓气压能在 2h 内无变化或不发生大的波动时，表明保压试验合格。在气压开仓过程中，若供气量大于供气能力的 50%，则应停止气压作业并重新采用浆气置换修补泥膜至保压试验合格。

7.8.7 气压作业应符合下列规定：

[条文说明] 气压作业具有较高的危险性，一旦处理不当将造成严重后果。因此，需要对其作业要求提出明确规定。

1．地层、开挖仓和地层与盾构壳体间满足气密性要求是为了保证开挖仓内气压不会随作业时间而降低，造成失稳。

2．气压作业顺序一般为先除去土仓中的泥水、渣土，必要时支护正面土体和处理地下水，然后人员进入仓内进行作业。

3．刀具检查时，需清除刀头上粘附的砂土，确认需更换的刀具。

4．保持开挖面和开挖仓空气新鲜是保证进仓人员安全的重要条件。

5．由带高压氧舱科室的医院对进仓作业人员进行身体适应状况检查，体检合格后方可进仓施工。带压进仓作业时间，当压力不大于 0.36MPa 时，应按现行行业标准《盾构法开仓及气压作业技术规范》（CJJ 217）的有关规定执行；当压力大于 0.36MPa 时，应按现行国家标准《空气潜水减压技术要求》（GB/T 12521）的有关规定执行。

（2）盾构机带压换刀操作要点

带压开仓人员配置数量及职责

序号	岗位	职责	配置人员
1	气压作业主管	负责总体管理现场气压作业。	1
2	操仓员	对人闸进行气密性试验：能准确按照医护人员制定的减压方案对进仓作业人员进行加、减压，熟悉人闸及仓内设施的性能。	1-2
3	进仓作业人员	应完成专门高压工作训练：执行气压作业主管的指令：建立工作日志：保证其中 1 人为专职观察员。	≥2
4	医护人员	负责医学适合性评估，一旦带压进仓人员出现紧急状况，能够进行全方位的医疗救助。	1

盾构机内空气质量要求

序号	环境气体	含量
1	一氧化碳	不大于 100ppm
2	二氧化碳	不大于 500ppm
3	甲烷	不大于 1000ppm
4	硫化氢	不大于 10ppm
5	氧气	19%~22%

安全控制要点：

（1）进仓作业前，应制订详细的作业指导书，并对所有参与人员进行书面、现场交底。

（2）人闸内的加压速度宜控制在 0.05～0.1MPa/min。

（3）在升压过程中，进仓人员若发现身体不适，应立即通知操仓员停止加压，若身体仍然不适，则应启用减压、出仓程序。

（4）在确认人闸内压力达到工作压力后，进仓人员应再次确认人闸与开挖仓连接门的安全性，才能进入开挖仓。

（5）人闸与开挖仓的连接门必须保持开启。

（6）人闸内工作压力波动不应超过±0.05MPa。

（7）应采用气体检测仪定期对开挖仓空气质量进行检测做好检测结果记录。

（8）人员出仓前分段减压并严格按方案执行。

图 3.8-88 盾构机带压换刀操作要点

（3）盾构机带压进仓检查换刀应急措施

1）仓内压力无法稳定，开挖面失稳：一是带压换刀过程中出现仓内压力无法稳定，开挖面失稳情况出现，应及时将作业人员撤离土仓，关闭土仓门，安排进行减压出仓；二是换刀过程中宜采用“拆一装一”原则进行换刀作业，出现仓内压力无法稳定，开挖面失稳情况可恢复掘进，向前推进 1~2 环后重新组织换刀作业。

2）仓内空气受到污染：一是带压换刀过程中应安排专人实时进行气体检测工作，当出现氧气含量降低，应加大通风，保证仓内氧气含量符合作业要求；二是当检测出现有毒有害气体，应及时组织人员减压出仓，加强对掌子面的通风，置换有毒有害气体，气体质量符合要求后恢复换刀作业。

3）人员身体不适：带压换刀过程中，作业人员出现身体不适，应及时组织人员减压出仓，常规症状及时送往就近医院治疗，出现减压病的作业人员应及时送往具备高压氧舱的医院进行救治。

（4）盾构机常压换刀和带压换刀的条件

1）常压换刀：当盾构机在硬岩或自稳能力较强的地段掘进时，因地层本身有自稳能力，不需要在土仓蓄压以提供额外支撑压力，这种情况下可在无压条件下直接进入刀盘作业。

2）带压换刀：当盾构机在遇到复杂地层（软岩、富水地段等）、穿江过河、下穿城市区域密集建筑群等复杂施工环境条件下掘进时，刀盘道具在施工一定长度后达到磨损极限就必须检查更换，由于地层自稳能力差，就必须利用盾构机自身及配套设备来提供使地层保持稳定的支撑压力，很难实现敞开式检查和维修保养、道具更换，作业人员要采用带压进仓模式来进行刀仓内的各项工作。

3.9 隧洞施工（2）（SJ-J014）

无爆破设计或未按爆破设计作业。

判定隐患

隧洞工程施工需采用爆破作业时，施工单位必须编制和报批隧洞钻孔爆破设计方案，爆破作业前还应在监理见证下进行不同围岩类别的爆破工艺性试验并取得试验成果报告；在施工过程中，严格按照爆破设计及试验参数进行布孔、钻孔、装药、起爆，爆破工程技术人员、安全员等必须持有合格有效的资质证书；对于爆破过程中，未遵守爆破设计要求，造成隧洞坍塌险情或火工品遗失、人员现场违规处理加工火工品、洞内违规运输和存放火工品等现象可判定为重大隐患。具体示例见图 3.9-1 和图 3.9-2。

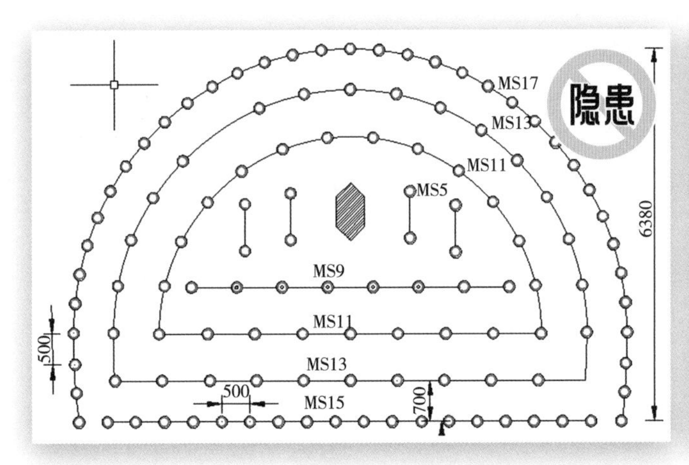

图 3.9-1　实际周边布孔情况（间距为 700mm）超过爆破设计要求的间距（500mm）（尺寸单位：mm）

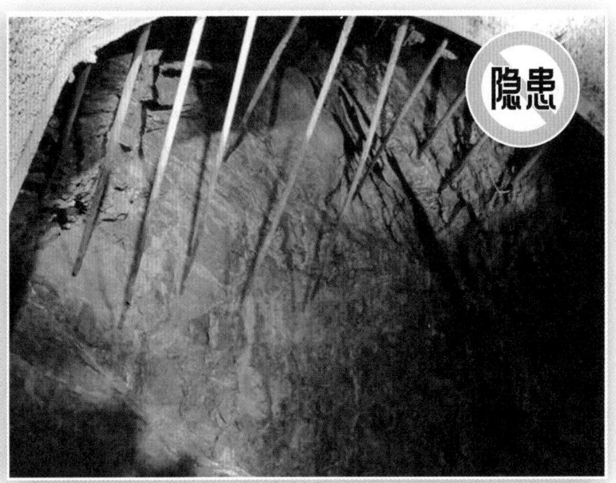

图 3.9-2　隧洞掌子面炮孔未严格按照设计方案爆破，导致拱部空腔过大

本条隐患判定的主要依据如下：

（1）《水工建筑物地下开挖工程施工规范》（SL 378—2007）

6.1.4　施工单位应根据设计图纸、地质情况、爆破器材性能及钻孔机械等条件和爆破试验结果进行钻孔爆破设计。

钻孔爆破设计应包括下列内容：

1 掏槽方式：应根据开挖断面大小、围岩类别、钻孔机具等因素确定。若采用中空直眼掏槽时，应尽量加大空眼直径和数目。

2 炮孔布置、深度及角度：炮孔应均匀布置；孔深应根据断面大小、钻孔机具性能和循环进尺要求等因素确定；钻孔角度应按炮孔类型进行设计，同类钻孔角度应一致，钻孔方向可按平行或收放等形式确定。

3 装药量：应根据围岩类别确定。任一炮孔装药量所引起的爆破裂隙伸入到岩体的影响带不应超过周边孔爆破产生的影响带。应选用合适的炸药，特别是周边孔应选用低爆速炸药或采用间隔装药、专用小直径药卷连续装药。

4 确定堵塞方式。

5 起爆方式及顺序：宜采用塑料导爆管、非电毫秒雷管，根据孔位布置分段爆破，其分段爆破时差，应使每段爆破独立作用；周边孔应同时起爆。

6 当施工现场附近存在相邻建筑物、浅埋隧洞或附近有重点保护文物时，应按其抗震要求进行专项设计，并进行爆破震动控制计算。

7 绘制炮孔布置图。

6.2.1 钻孔爆破作业，应按照批准的爆破设计图进行。

（2）《水利水电工程施工安全管理导则》（SL 721—2015）

10.3.4 （节选）施工单位进行爆破作业必须取得《爆破作业单位许可证》。

爆破作业前，应进行爆破试验和爆破设计，并严格履行审批手续。

正确做法示例

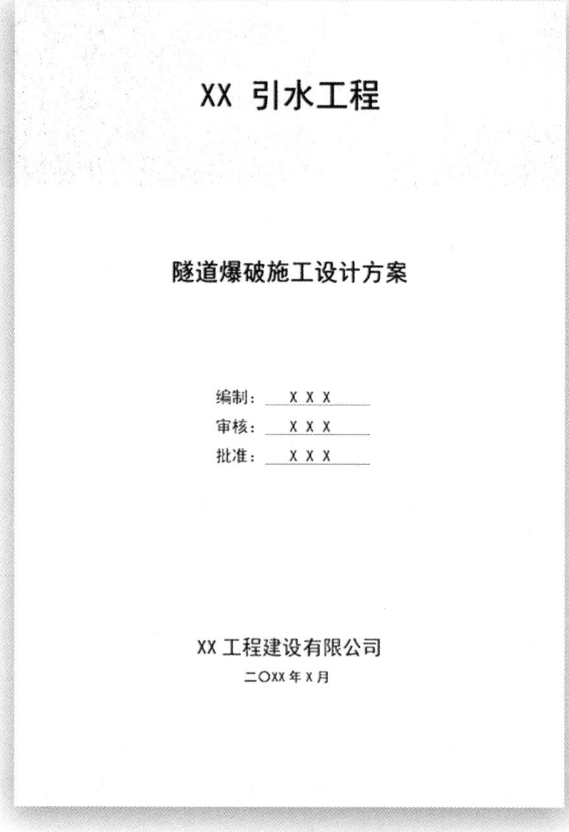

XX 引水工程

隧道爆破施工设计方案

编制：X X X

审核：X X X

批准：X X X

XX 工程建设有限公司

二〇XX 年 X 月

图 3.9-3 施工单位编制隧洞爆破设计方案

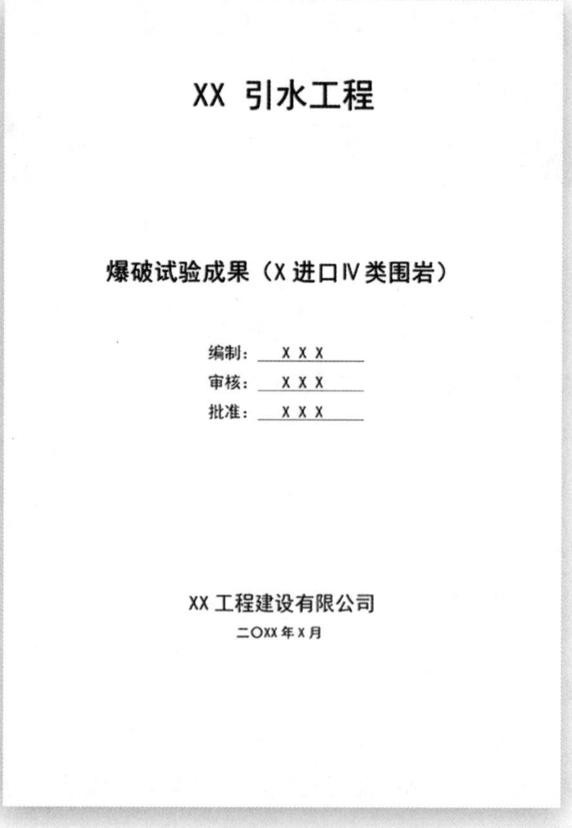

XX 引水工程

爆破试验成果（X 进口Ⅳ类围岩）

编制：X X X

审核：X X X

批准：X X X

XX 工程建设有限公司

二〇XX 年 X 月

图 3.9-4 隧洞爆破前要取得试验成果报告

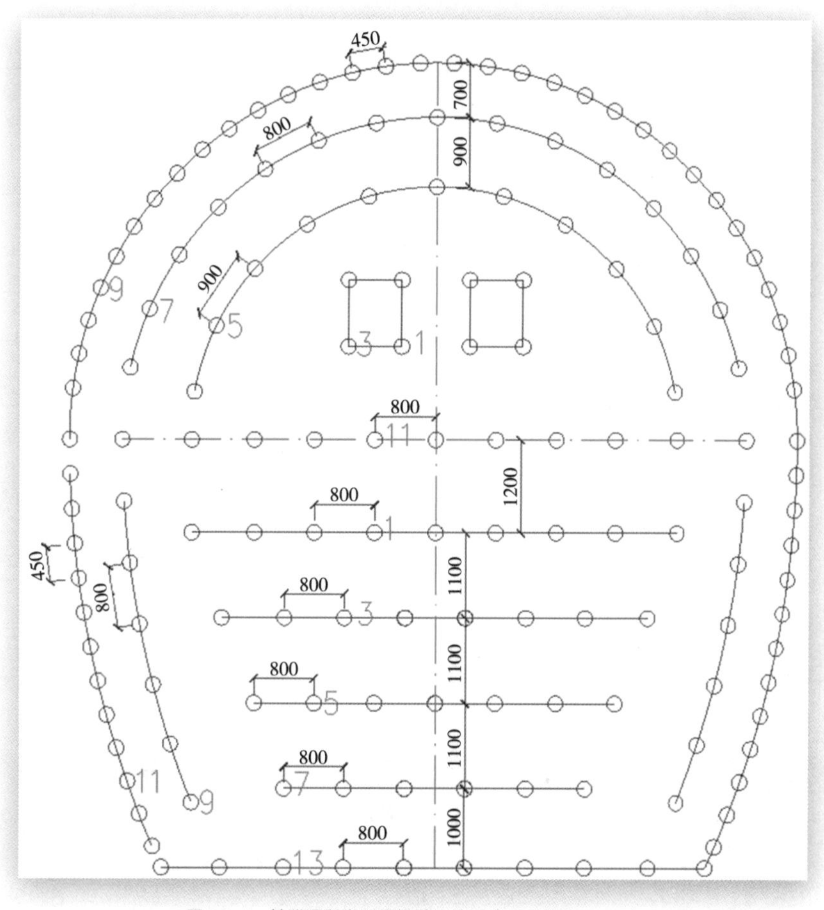

图 3.9-5 某隧洞Ⅳ类断面爆破设计图（尺寸单位：mm）

图 3.9-6 实际实施过程中与爆破设计相符

图 3.9-7 严格按照爆破设计方案布设炮孔

图 3.9-8 严格按照爆破方案进行连线

知识拓展

《水工建筑物地下开挖工程施工规范》（SL 378—2007）

附录 D 光面爆破与预裂爆破参数

D.0.1 光面爆破和孔深小于 5m 的浅孔预裂爆破参数可按照表 D.0.1-1 和表 D.0.1-2 选择，并按爆破试验结果进行修正。

表 D.0.1-1　光面爆破参数

岩石类别	周边孔间距 /mm	周边孔抵抗线 /mm	线装药密度 /（g/m）
硬岩	550~650	600~800	300~350
中硬岩	450~600	600~750	200~300
软岩	350~450	450~550	70~120
注：炮孔直径：40~50mm；药卷直径：20~25mm。			

表 D.0.1-2　浅孔预裂爆破参数

岩石类别	周边孔间距 /mm	周边孔抵抗线 /mm	线装药密度 /（g/m）
硬岩	450~500	400	350~400
中硬岩	400~450	400	200~250
软岩	350~400	350	70~120
注：炮孔直径：40~50mm；药卷直径：20~25mm。			

无统一的爆破信号和爆破指挥，起爆前未进行安全条件确认。

判定隐患

图 3.9-9　爆破作业无专人监管和指挥，下台阶开挖与上台阶装药同时进行

事故案例

爆破警戒人员擅离岗位导致放炮事故

2020年11月19日14时20分左右，定远县某煤矿公司在井下放炮作业时，导致一名工人受伤，经抢救无效死亡。

事故主要原因：

警戒人员王某某安全意识淡薄，违反《爆破安全规程》（GB 6722—2014）第6.7条“爆破警戒和信号”6.7.1.3项“执行警戒任务的人员应按指令到达地点并坚守工作岗位”的规定，擅自离开1号警戒点，进入爆破危险区域，被放炮飞石击中头部。

本条隐患判定的主要依据如下：

（1）《水利水电工程施工通用安全技术规程》（SL 398—2007）

8.4.3 爆破工作开始前，应明确规定安全警戒线，制定统一的爆破时间和信号，并在指定地点设安全哨，执勤人员应有红色袖章、红旗和口笛。

8.4.16 暗挖放炮，自爆破器材进洞开始，即通知有关单位施工人员撤离，并在安全地点设警戒员。禁止非爆破工作人员进入。

（2）《水工建筑物地下开挖工程施工规范》（SL 378—2007）

13.2.3 爆破时，施工人员应撤至飞石、有害气体和冲击波的影响范围之外。单向开挖时，安全地点至爆破作业面的距离应不小于200m。

13.2.4 几个工作面同时爆破时，应有专人统一指挥，确保起爆人员的安全和相邻炮区的安全。

（3）《水利水电工程施工安全管理导则》（SL 721—2015）

10.3.4 （节选）爆破作业应统一时间、统一指挥、统一信号，划定安全警戒区、明确安全警戒人员，采取防护措施，严格按照爆破设计和爆破安全规程作业。

（4）《爆破安全规程》（GB 6722—2014）

6.1.1 爆破前应对爆区周围的自然条件和环境状况进行调查，了解危及安全的不利环境因素，并采取必要的安全防范措施。

6.2.3.1 （节选）爆破工程施工前，应根据爆破设计文件要求和场地条件，对施工场地进行规划，并开展施工现场清理与准备工作。

6.5.1.1 装药前应对作业场地、爆破器材堆放场地进行清理，装药人员应对准备装药的全部炮孔、药室进行检查。

6.7.1　爆破警戒

6.7.1.1　装药警戒范围由爆破技术负责人确定；装药时应在警戒区边界设置明显标识并派出岗哨。

6.7.1.2　爆破警戒范围由设计确定；在危险区边界，应设有明显标识，并派出岗哨。

6.7.1.3　执行警戒任务的人员，应按指令到达指定地点并坚守工作岗位。

6.7.1.4　靠近水域的爆破安全警戒工作，除按上述要求封锁陆岸爆区警戒范围外，还应对水域进行警戒。水域警戒应配有指挥船和巡逻船，其警戒范围由设计确定。

6.7.2　信号

6.7.2.1　预警信号：该信号发出后爆破警戒范围内开始清场工作。

6.7.2.2　起爆信号：起爆信号应在确认人员全部撤离爆破警戒区，所有警戒人员到位，具备安全起爆条件时发出。起爆信号发出后现场指挥应再次确认达到安全起爆条件，然后下令起爆。

6.7.2.3　解除信号：安全等待时间过后，检查人员进入爆破警戒范围内检查、确认安全后，报请现场指挥同意，方可发出解除警戒信号。在此之前，岗哨不得撤离，不允许非检查人员进入爆破警戒范围。

6.7.2.4　各类信号均应使爆破警戒区域及附近人员能清楚地听到或看到。

正确做法示例

图 3.9-10　现场爆破安全距离不小于 200m

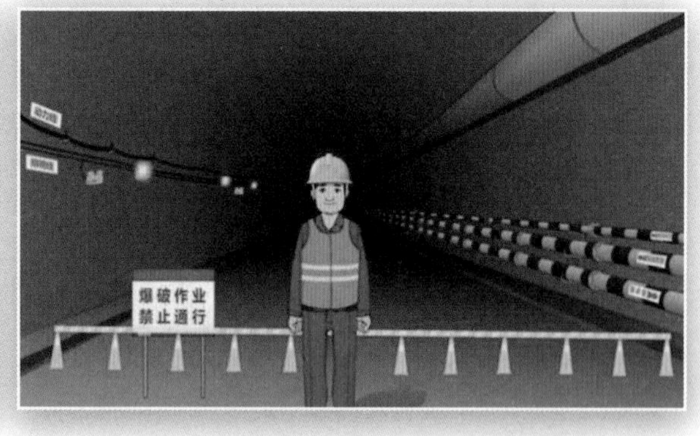

图 3.9-11　现场设置爆破安全警戒，划分爆破区

图 3.9-12　爆破作业前统一指挥，将人员撤出警戒区外

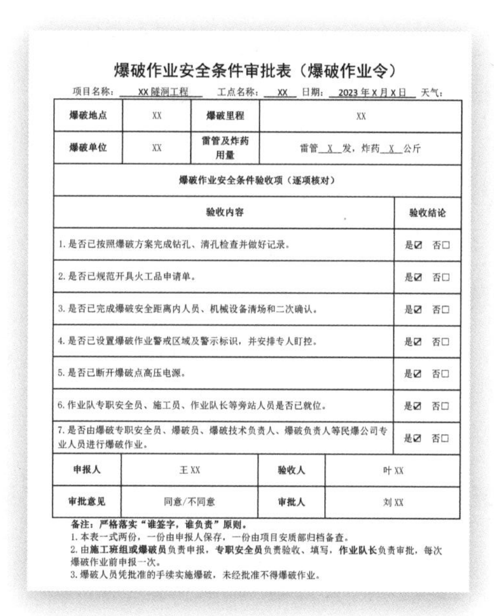

爆破作业安全条件审批表（爆破作业令）

项目名称：XX隧洞工程　工点名称：XX　日期：2023年X月X日　天气：

爆破地点	XX	爆破里程	XX
爆破单位	XX	雷管及炸药用量	雷管 X 发，炸药 X 公斤
爆破作业安全条件验收项（逐项核对）			
验收内容			验收结论
1. 是否已按照爆破方案完成钻孔、清孔检查并做好记录。			是☑ 否☐
2. 是否已规范开具火工品申请单。			是☑ 否☐
3. 是否已完成爆破安全距离内人员、机械设备清场和二次确认。			是☑ 否☐
4. 是否已设置爆破作业警戒区域及警示标识，并安排专人盯控。			是☑ 否☐
5. 是否已断开爆破点高压电源。			是☑ 否☐
6. 作业队专职安全员、施工员、作业队长等旁站人员是否已就位。			是☑ 否☐
7. 是否由爆破专职安全员、爆破员、爆破技术负责人、爆破负责人等民爆公司专业人员进行爆破作业。			是☑ 否☐
申报人	王XX	验收人	叶XX
审批意见	同意/不同意	审批人	刘XX

备注：严格落实“谁签字，谁负责”原则。
1. 本表一式两份，一份由申报人保存，一份由项目安质部归档备查。
2. 由施工班组或爆破员负责申报，专职安全员负责验收、填写，作业队长负责审批，每次爆破作业前申报一次。
3. 爆破人员凭批准的手续实施爆破，未经批准不得爆破作业。

图 3.9-13　爆破作业前要完成安全条件检查确认（爆破作业令）

爆破后未进行检查确认，或未排险立即施工。

判定隐患

图 3.9-14　爆破后未及时排险，现场作业人员已进入洞内作业

本条隐患判定的主要依据如下：

（1）《水工建筑物地下开挖工程施工规范》（SL 378—2007）

13.2.5　工作面爆破散烟后，应先进行爆破面的安全检查，撬挖、敲除松动石块；采用大型机械施工的，也可用挖掘机斗齿清挖，上一工序完成并确认松动岩块全部清除后，下一工序的施工人员才能进入工作面从事出渣或其他作业。

13.2.11 爆破完成后，待有害气体浓度降低至规定标准时，方可进入现场处理哑炮并对爆破面进行检查，清理危石。清理危石应由有施工经验的专职人员负责实施。

（2）《水利水电工程施工通用安全技术规程》（SL 398—2007）

8.4.15 爆破后炮工应检查所有装药孔是否全部起爆，如发现盲炮，应及时按照盲炮处理的规定妥善处理，未处理前，应在其附近设警戒人员看守，并设明显标志。

（3）《爆破安全规程》（GB 6722—2014）

6.8.1 爆后检查等待时间

6.8.1.3 地下工程爆破后，经通风除尘排烟确认井下空气合格、等待时间超过 15min 后，方准许检查人员进入爆破作业地点。

6.8.2 爆后检查内容

爆破后应检查的内容有：

——确认有无盲炮；

——露天爆破爆堆是否稳定，有无危坡、危石、危墙、危房及未炸倒建（构）筑物；

——地下爆破有无瓦斯及地下水突出、有无冒顶、危岩，支撑是否破坏，有害气体是否排除；

——在爆破警戒区内公用设施及重点保护建（构）筑物安全情况。

正确做法示例

图 3.9-15 爆破后严格按照要求通风、洒水降尘、找顶及开挖面初喷混凝土封闭

图 3.9-16　**爆破后安全检查确认主要项目**

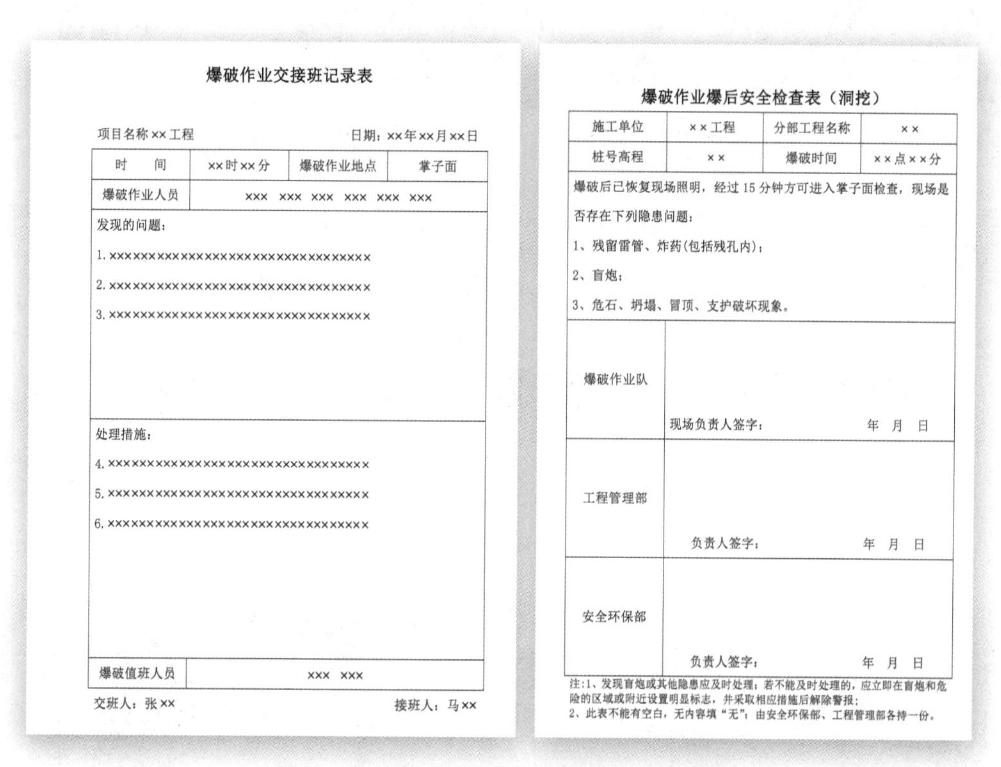

爆破作业交接班记录表

项目名称××工程　　　　日期：××年××月××日

时　　间	××时××分	爆破作业地点	掌子面
爆破作业人员	××× ××× ××× ××× ××× ×××		
发现的问题： 1. ×××××××××××××××××××××××××××××××××× 2. ×××××××××××××××××××××××××××××××××× 3. ××××××××××××××××××××××××××××××××××			
处理措施： 4. ×××××××××××××××××××××××××××××××××× 5. ×××××××××××××××××××××××××××××××××× 6. ××××××××××××××××××××××××××××××××××			
爆破值班人员	××× ×××		

交班人：张××　　　　接班人：马××

爆破作业爆后安全检查表（洞挖）

施工单位	××工程	分部工程名称	××
桩号高程	××	爆破时间	××点××分
爆破后已恢复现场照明，经过15分钟方可进入掌子面检查，现场是否存在下列隐患问题： 1、残留雷管、炸药(包括残孔内)； 2、盲炮； 3、危石、坍塌、冒顶、支护破坏现象。			
爆破作业队	现场负责人签字：　　　年　月　日		
工程管理部	负责人签字：　　　年　月　日		
安全环保部	负责人签字：　　　年　月　日		

注:1、发现盲炮或其他隐患应及时处理；若不能及时处理的，应立即在盲炮和危险的区域或附近设置明显标志，并采取相应措施后解除警报；
2、此表不能有空白，无内容填“无”；由安全环保部、工程管理部各持一份。

图 3.9-17　**检查后填写交接班记录及爆后安全检查表**

隧洞施工运输车辆未定期检查，超重运输或使用货运车辆运送人员。

判定隐患

图 3.9-18 洞内运输车辆已达报废条件、无任何检验标志，未开展定期检查

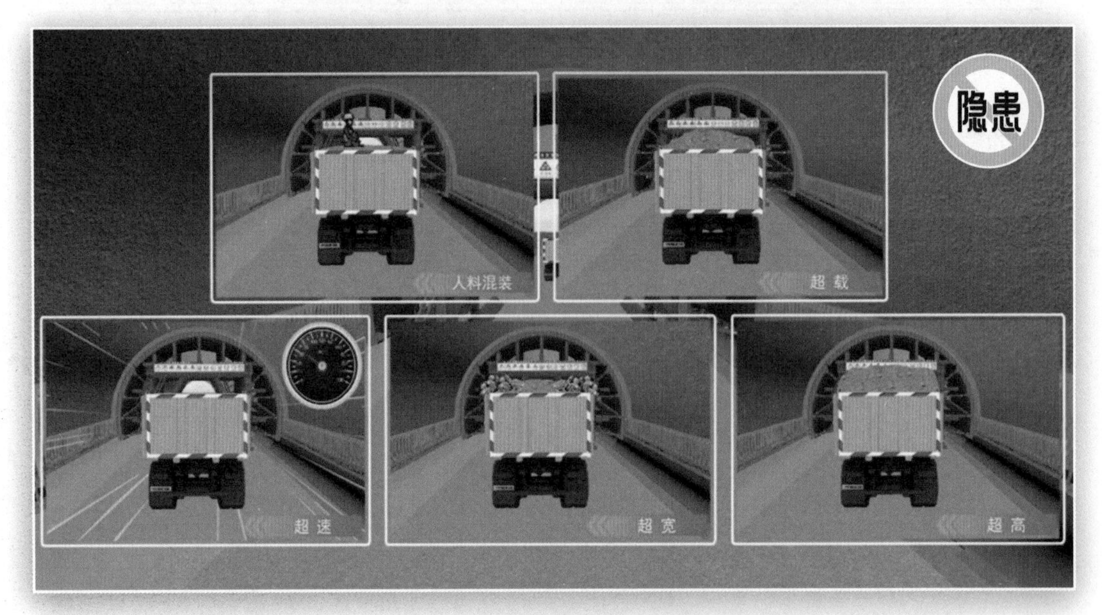

图 3.9-19 隧洞材料运输车辆违规运输

图 3.9-20 采用皮卡车车斗、三轮摩托车等货运车辆违规运送人员

事故案例

普通货车违规载人导致车辆伤害事故

2011 年 10 月 29 日，×× 隧道 ×× 斜井，毛某驾驶“江淮”轻型普通货车运送施工人员上班作业，车辆载乘 28 人（驾驶室载乘 3 人，货厢载乘 25 人），由 ×× 隧道 ×× 斜井入口处驶入斜井，车辆在斜井内行驶约 500m 处时，车辆失控，车速逐渐加快，陆续有人跳车或被从车厢甩出，车辆继续前行至西端左转弯驶入主隧道时，与主隧道西侧边墙相撞，车辆侧翻。事故共造成车上 21 人当场死亡，7 人受伤（其中 2 人在送往医院途中死亡，1 人因抢救无效死亡）。

事故主要原因：

1. 驾驶车辆系违法加装不符合国标要求的防护栏和制动。
2. 当车辆在坡度较大的下坡路段高挡位行驶时，驾驶员临危采取措施不当。
3. 车辆日常维护保养不到位，导致车辆制动失灵。
4. 普通货车严重违规载人。

图 3.9-21　事故案例示意图

本条隐患判定的主要依据如下：

（1）《水利水电工程施工通用安全技术规程》（SL 398—2007）

7.3.6　自卸汽车、油罐车、平板拖车、起重吊车、装载机、机动翻斗车及拖拉机，除驾驶室外严禁乘人。驾驶室严禁超额载人。

7.3.7　各种机动车辆均严禁带病或超载运行。

（2）《水利工程施工安全防护设施技术规范》（SL 714—2015）

4.1.2　机动车辆应符合下列规定：

1 车辆制动、方向、灯光、音响等装置良好、可靠，经政府车检部门检测合格。

2 按规定配备相应的消防器材。

（3）《水利水电工程施工安全管理导则》（SL 721—2015）

9.2.1 施工单位在设施设备运行前应进行全面检查；运行过程中应定期对安全设施、器具进行维护、更换，每周应对主要施工设备安全状况进行一次全面检查（包含停用一个月以上的起重机械在重新使用前），并做好记录，以确保其运行可靠。

项目法人、监理单位应定期监督检查设施设备的运行状况、人员操作情况、运行记录。

正确做法示例

图 3.9-22 隧洞作业运输车辆应定期进行检查

图 3.9-23 隧洞内运输车辆规范管理、专人指挥

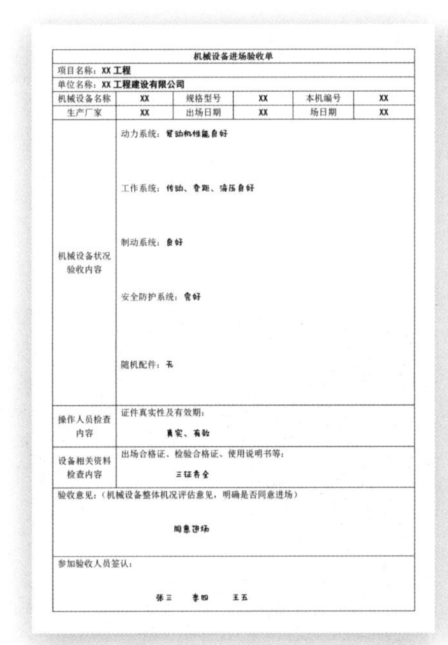

机械设备进场验收单					
项目名称：XX 工程					
单位名称：XX 工程建设有限公司					
机械设备名称	XX	规格型号	XX	本机编号	XX
生产厂家	XX	出场日期	XX	场日期	XX
机械设备状况验收内容	动力系统：发动机性能良好 工作系统：传动、变距、液压良好 制动系统：良好 安全防护系统：完好 随机配件：无				
操作人员检查内容	证件真实性及有效期： 真实、有效				
设备相关资料检查内容	出场合格证、检验合格证、使用说明书等： 三证齐全				
验收意见：（机械设备整体机况评估意见，明确是否同意进场） 同意进场					
参加验收人员签认： 张三　李四　王五					

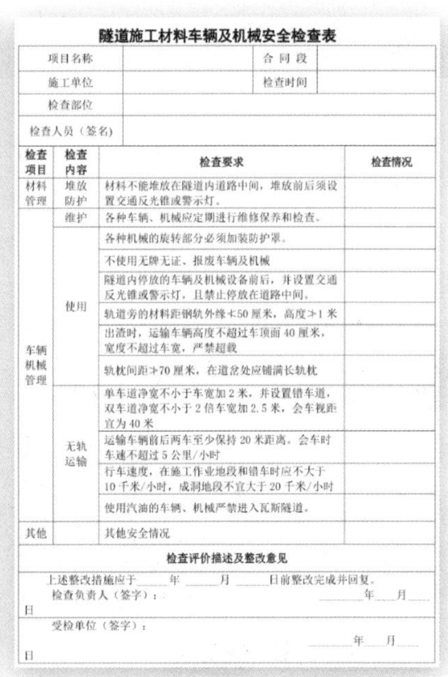

隧道施工材料车辆及机械安全检查表

项目名称		合同段	
施工单位		检查时间	
检查部位			
检查人员（签名）			

检查项目	检查内容	检查要求	检查情况
材料管理	堆放防护	材料不能堆放在隧道内道路中间，堆放前后须设置交通反光锥或警示灯。	
车辆机械管理	维护	各种车辆、机械应定期进行维修保养和检查。	
	使用	各种机械的旋转部分必须加装防护罩。	
		不使用无牌无证、报废车辆及机械	
		隧道内停放的车辆及机械设备前后，并设置交通反光锥或警示灯，且禁止停放在道路中间。	
		轨道旁的材料距钢轨外缘≮50 厘米，高度≯1 米	
		出渣时，运输车辆高度不超过车顶面 40 厘米，宽度不超过车宽，严禁超载	
		轨枕间距≯70 厘米，在道岔处应铺满长轨枕	
	无轨运输	单车道净宽不小于车宽加 2 米，并设置错车道，双车道净宽不小于 2 倍车宽加 2.5 米，会车视距宜为 40 米	
		运输车辆前后两车至少保持 20 米距离，会车时车速不超过 5 公里/小时	
		行车速度，在施工作业地段和错车时应不大于 10 千米/小时，成洞地段不宜大于 20 千米/小时	
		使用汽油的车辆、机械严禁进入瓦斯隧道。	
其他		其他安全情况	
检查评价描述及整改意见			
上述整改措施应于____年____月____日前整改完成并回复。 检查负责人（签字）：____年__月__日			
受检单位（签字）：____年__月__日			

图 3.9-24　**车辆必须进行入场验收，并定期检查、维保**

知识拓展

长距离隧洞内工作人员应考虑设置通勤车辆运送，有轨运输斜井应设置载人车辆，不得采用矿车或拖挂板车等载人进洞。

图 3.9-25　**隧洞内工作人员配备专用载人车辆通勤**

未按规定设置应急通信和报警系统。

判定隐患

隧洞工程施工时，长、特长及高风险隧洞必须配备应急通信和声光报警系统，如存在左右线（上下线）隧洞同时施工且设置有联络通道的隧洞工程，也必须配备应急通信和声光报警系统，如在以上情况下未设置的，可判定为重大隐患。具体示例见图 3.9-26 和图 3.9-27。

图 3.9-26　洞外值班室人员脱岗，无对讲机、电话等通信设备

图 3.9-27　洞内未按规定设置应急通信、预警报警系统

本条隐患判定的主要依据如下：

（1）《水利工程施工安全防护设施技术规范》（SL 714—2015）

5.3.3　斜、竖井开挖应符合下列要求：

4 施工作业面与井口应有可靠的通信装置和信号装置。

（2）《水工建筑物地下开挖工程施工规范》（SL 378—2007）

12.4.6　工地应设值班室，并应备有通信设备。

12.4.7　施工竖井、斜井与地面应设置声、光、电通信设施。

正确做法示例

图 3.9-28　隧洞内常见的紧急电话装置

图 3.9-29　**隧洞内应急通信与洞外值班室保持 24h 畅通**

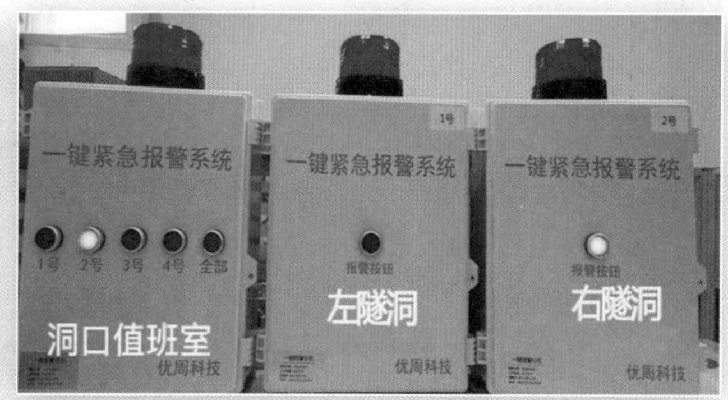

图 3.9-30　**隧洞内应设置声光报警器**

知识拓展

（1）隧洞坍塌应急逃生管道设置示意图

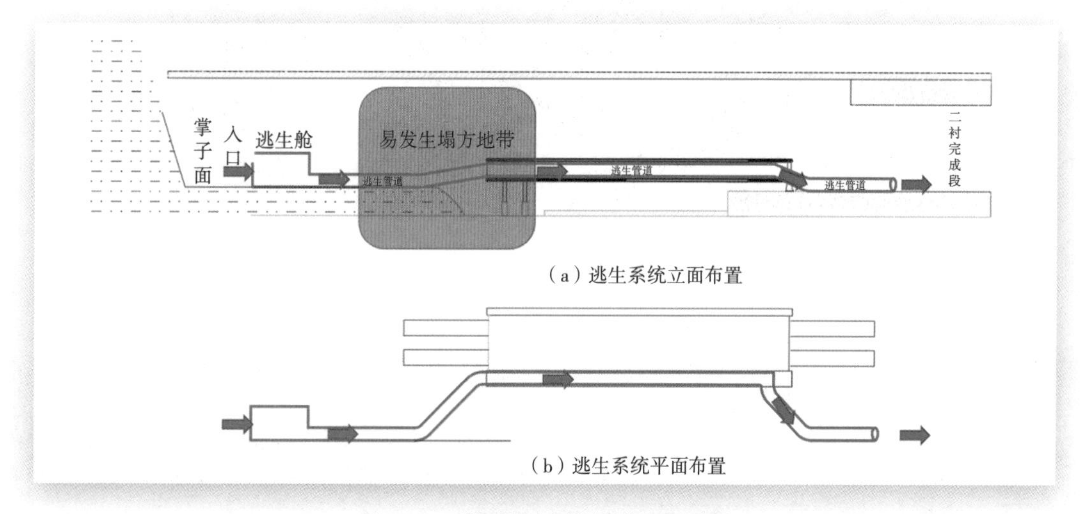

图 3.9-31　**隧洞坍塌应急逃生系统设置示意图**

（2）某水工隧洞采用 TBM 工法施工，现场采取的一些应急设施设备及演练措施可作为参考

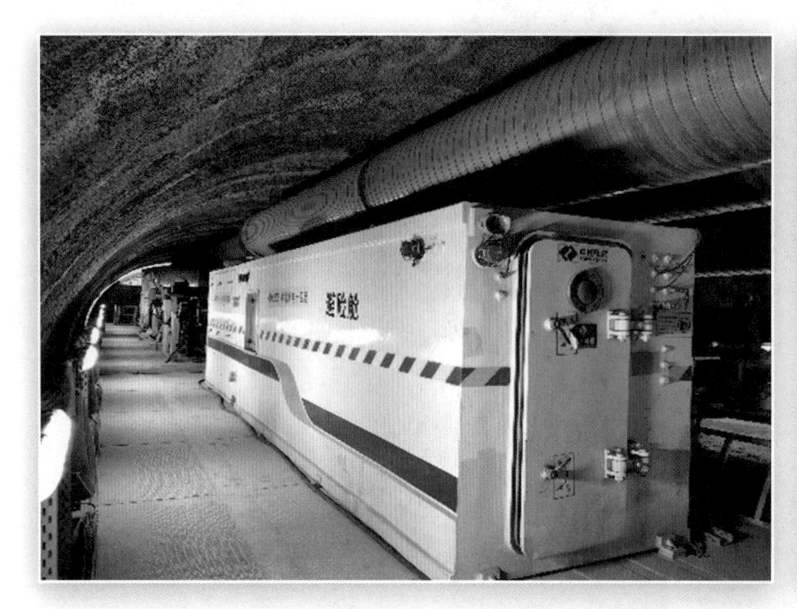

图 3.9-32　TBM 隧洞内设置逃生舱

图 3.9-33　隧洞内常见的 4G 信号基站

高瓦斯隧洞或瓦斯突出隧洞未按设计或方案进行揭煤防突，各开挖工作面未设置独立通风。

判定隐患

图 3.9-34　瓦斯隧洞未按设计要求打设超前钻孔进行揭煤防突

图 3.9-35　瓦斯隧洞未设置独立通风设施

本条隐患判定的主要依据如下：

（1）《水工建筑物地下开挖工程施工规范》（SL 378—2007）

11.3.4　施工地段含有瓦斯气体时，应参照《煤矿安全规程》（2004 年）第二节瓦斯防治，结合实际情况制定预防瓦斯的安全措施。（注释：《煤矿安全规程》2016 年 2 月 25 日国家安全生产监督管理总局令第 87 号公布，自 2016 年 10 月 1 日起施行；根据 2022 年 1 月 6 日应急管理部令第 8 号修正）

（2）《煤矿安全规程》（2022 年修正版）

第二十九条　井巷揭煤前，应当探明煤层厚度、地质构造、瓦斯地质、水文地质及顶底板等地质条件，编制揭煤地质说明书。

第一百五十条　采、掘工作面应当实行独立通风，严禁 2 个采煤工作面之间串联通风。

第二百一十三条　井巷揭煤工作面的防突措施包括预抽煤层瓦斯、排放钻孔、金属骨架、煤体固化、水力冲孔或者其他经试验证明有效的措施。

（3）《水利工程施工安全防护设施技术规范》（SL 714—2015）

5.3.6　（节选）洞内瓦斯地层段施工应符合下列规定：

1 进入瓦斯地层段施工的全部人员必须经过瓦斯预防专项安全培训，掌握瓦斯地段施工技术操作知识后，才能上岗工作。

2 应采用 TSP 地震波超前预报技术，提前预防，超前排放。在瓦斯地层段应加强瓦斯监测，瓦斯浓度超标时，立即停止施工，严禁人员进入洞内。

5 洞内通风应达到 24h 不间断，最小风速不小于 1m/s。应采用防爆型风机和专用的抗静电、阻燃型风筒布，风管口到开挖工作面的距离应不小于 5m，风管百米漏风率不应大于 2%。

正确做法示例

高瓦斯隧洞或瓦斯突出隧洞应按设计或方案要求进行揭煤防突，施工单位应编制和报批隧洞揭煤防突专项设计实施方案，方案中应明确瓦斯隧洞揭煤防突工艺流程、揭煤防突主动防治和被动防治的详细措施（主动防治措施包括超前预测预报、综合防突措施及严格的爆破开挖作业等，被动防治措施主要包括强化支护、瓦斯检测与监测、通风与火源控制等）、瓦斯浓度超限值及超限处理措施、独立通风等重点内容。具体示例见图 3.9-36~ 图 3.9-40。

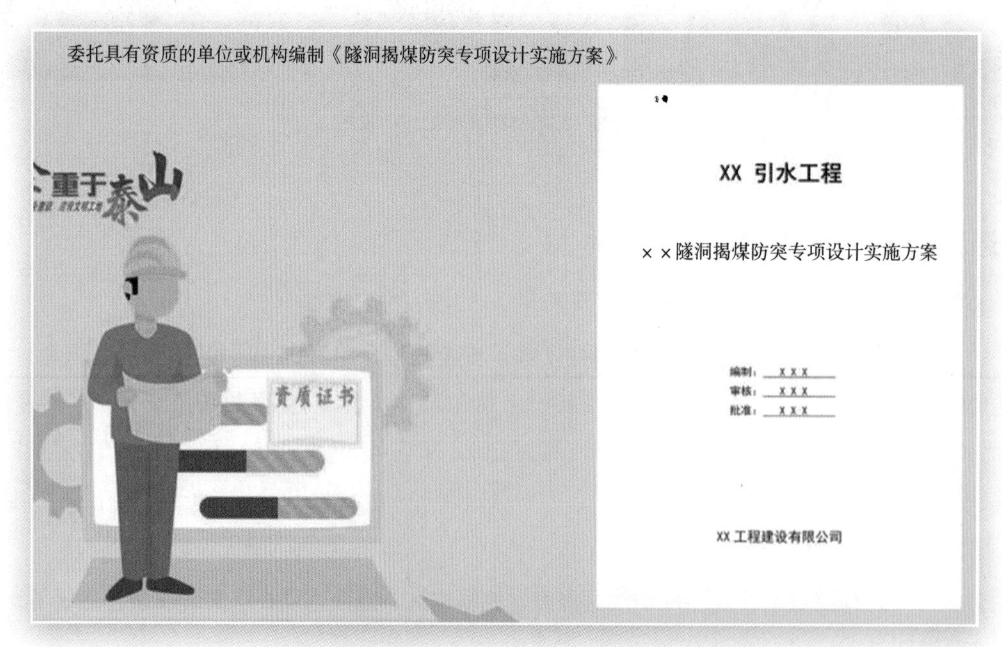

图 3.9-36　瓦斯隧洞施工应编制《隧洞揭煤防突专项设计实施方案》

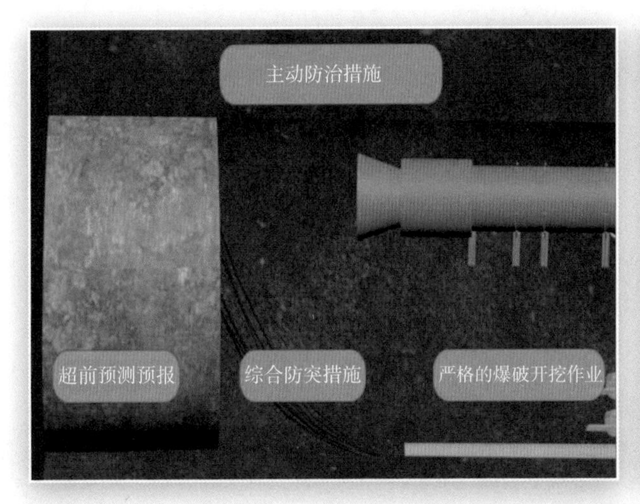

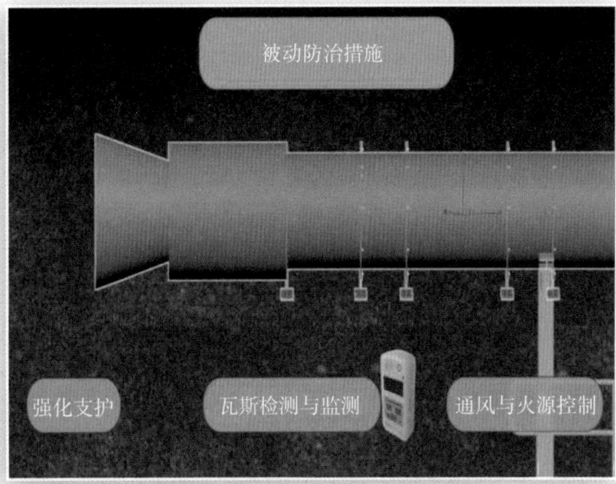

图 3.9-37　方案中要明确瓦斯隧洞揭煤防突——主动防治和被动防治的详细措施

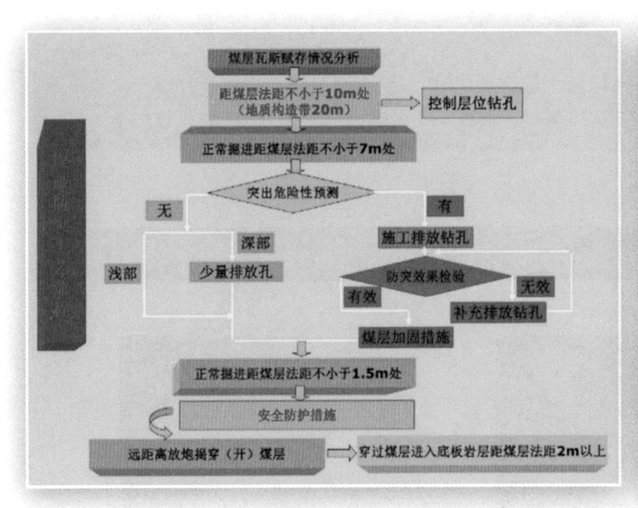

图 3.9-38　瓦斯隧洞揭煤防突工艺流程示意图

序号	工区	地点	限值	超限处理措施
1	微瓦斯工区	任意处	0.25%	查明原因，加强通风监测
2	低瓦斯工区	任意处	0.5%	超限处20M范围内立即停工，查明原因，加强通风监测
3	高瓦斯工区 煤（岩）与瓦斯突出工区	瓦斯易积聚处	1.0%	超限处20M范围停工，断电，撤人，进行处理，加强通风
4		开挖工作面风流中	1.0%	停止电钻钻孔，超限处停工，撤人，切断电源，查明原因，加强通风等
5		回风巷或工作面回风流中	1.0%	停工、撤人、处理
6		放炮地点附近20M风流中	1.0%	严禁装药放炮
7		煤层放炮后工作面风流中	1.0%	继续通风、不得进人
8		局扇及电气开关10M范围内	0.5%	停机、通风、处理
9		电动机及开关附近20M范围内	1.0%	停止运转、撤人人员、切断电源，进行处理

图 3.9-39　隧洞内瓦斯浓度超限值及超限处理措施表（参考示例）

图 3.9-40　瓦斯隧洞内独立通风设置示意图

知识拓展

（1）参照《铁路瓦斯隧道技术规范》（TB 10120—2019）

10 施工通风、瓦斯检测和监测

10.3.3 瓦斯隧道各开挖工作面必须采用独立通风，严禁任何两个工作面之间串联通风。

（2）参照《煤矿安全规程》（2022 年修正版）

第一百六十四条 （节选）安装和使用局部通风机和风筒时，必须遵守下列规定：

（九）严禁使用 3 台及以上局部通风机同时向 1 个掘进工作面供风。不得使用 1 台局部通风机同时向 2 个及以上作业的掘进工作面供风。

高瓦斯或瓦斯突出的隧洞工程场所作业未使用防爆电器。

判定隐患

图 3.9-41 瓦斯隧洞施工未采用防爆配电箱

图 3.9-42 瓦斯隧洞施工采用非防爆灯具照明

本条隐患判定的主要依据如下：

（1）《水工建筑物地下开挖工程施工规范》（SL 378—2007）

11.3.4 施工地段含有瓦斯气体时，应参照《煤矿安全规程》（2004 年）第二节瓦斯防治，结合实际情况制定预防瓦斯的安全措施，并应遵守下列规定：

3 机电设备及照明灯具均应采用防爆式。

（注释：《煤矿安全规程》2016 年 2 月 25 日国家安全生产监督管理总局令第 87 号公布，自 2016 年 10 月 1 日起施行；根据 2022 年 1 月 6 日应急管理部令第 8 号修正）

（2）《水利水电工程施工安全防护设施技术规范》（SL 714—2015）

5.3.6 洞内瓦斯地层段施工应符合下列规定：

6 施工用电设施应采用防爆电缆、防爆灯具、防爆开关，动力电机应进行同型号、等功率的防爆改造。接地网上任一保护接地点的接地电阻值不得大于 2Ω，高压电网的单项接地电容电流不得大于 20A。开挖工作面附近的固定照明灯具必须采用 Exd Ⅰ型矿用防爆照明灯，移动照明必须使用矿灯。

7 采用无轨运输，必须对作业机械进行防爆改装，改装中使用的零部件必须具有瓦斯防爆合格证。应安装车载式甲烷断电仪，在柴油机进气、排气系统中应安装阻焰器和排气火花消除器，在机械摩擦发热部件上应安装过热保护装置和温度检测警报装置。

正确做法示例

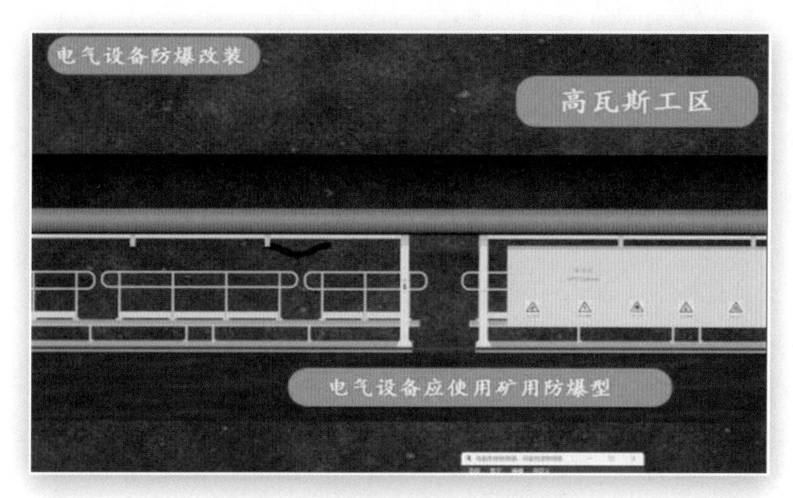

图 3.9-43 高瓦斯隧洞施工电气设备使用要求

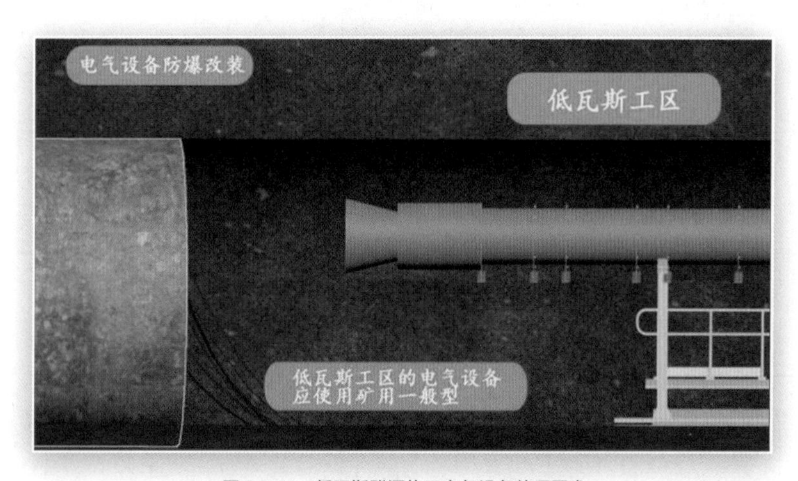

图 3.9-44 低瓦斯隧洞施工电气设备使用要求

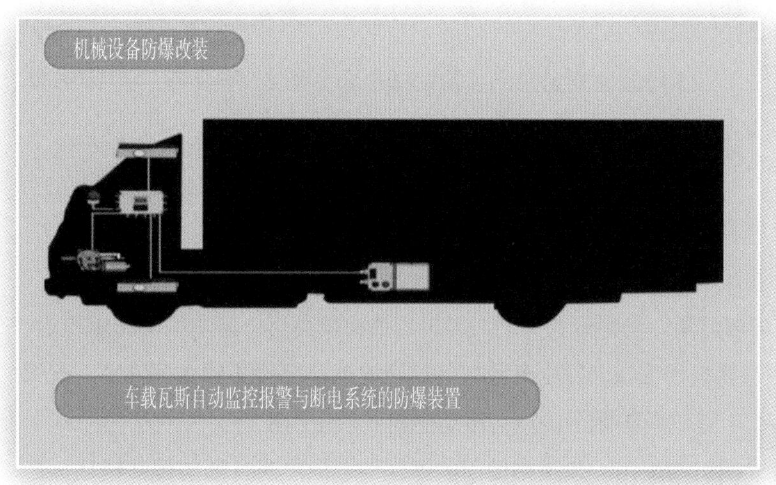

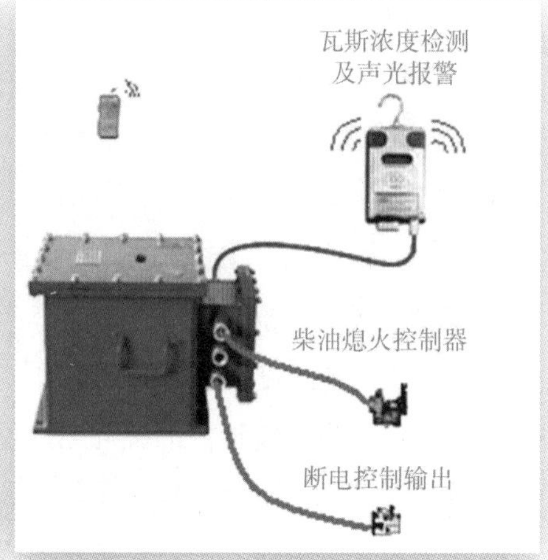

图 3.9-45　高瓦斯工区作业机械改装要求、车载瓦斯自动监控报警与断电仪

知识拓展

（1）参照《铁路瓦斯隧道技术规范》（TB 10120—2019）

11　施工电气设备及作业机械

11.1.1　隧道内微瓦斯工区的电气设备可使用非防爆型，低瓦斯、高瓦斯工区及瓦斯突出工区的电气设备应使用防爆型。

（2）参照《煤矿安全规程》（2022 年修正版）

第四百四十一条　选用井下电气设备必须符合表 16 的要求。

表 16　井下电气设备选型

序号	设备类别	突出矿井和瓦斯喷出区域	高瓦斯矿井、低瓦斯矿井				
			井底车场、中央变电所、总进风巷和主要进风巷		翻车机硐室	采区进风巷	总回风巷、主要回风巷、采区回风巷、采掘工作面和工作面进、回风巷
			低瓦斯矿井	高瓦斯矿井			
1	高低压电机和电气设备	矿用防爆型（增安型除外）	矿用一般型	矿用一般型	矿用防爆型	矿用防爆型	矿用防爆型（增安型除外）
2	照明灯具	矿用防爆型（增安型除外）	矿用一般型	矿用防爆型	矿用防爆型	矿用防爆型	矿用防爆型（矿用增安型除外）
3	通信、自动控制的仪表、仪器	矿用防爆型（增安型除外）	矿用一般型	矿用防爆型	矿用防爆型	矿用防爆型	矿用防爆型（增安型除外）

（3）瓦斯隧洞内常用的防爆电器示例

图 3.9-46　瓦斯隧洞施工防爆配电箱、防爆钻机、矿用隔爆型低压电缆接线盒

图 3.9-47　瓦斯隧洞施工防爆设备

图 3.9-48　瓦斯隧洞施工采用专用电缆

图 3.9-49　防爆电器装置

图 3.9-50　防爆改装装置

图 3.9-51　矿用隔爆型 LED 照明灯

图 3.9-52　矿用隔爆型应急灯

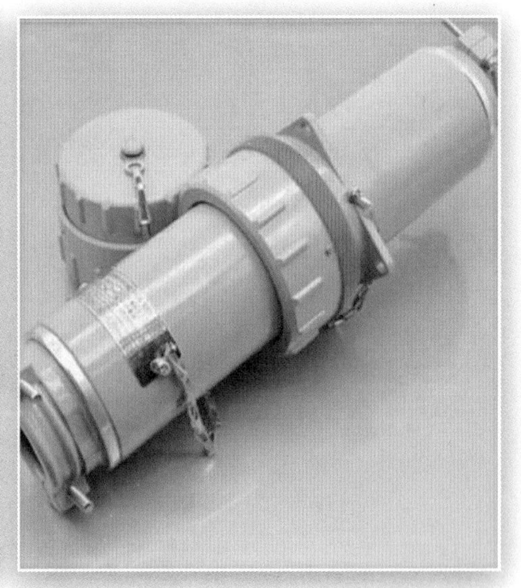

图 3.9-53　矿用隔爆型接线盒、矿用隔爆型电磁启动器、矿用隔爆型插销 32A

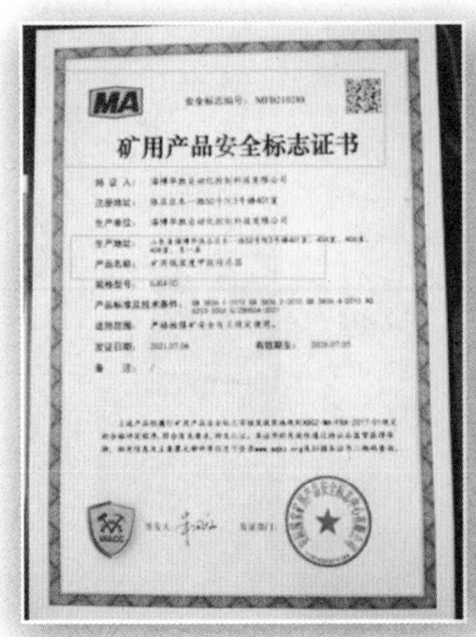

矿用产品安全标志证书

矿用产品安全标志证书

SAFETY CERTIFICATE OF APPROVAL FOR MINING PRODUCTS

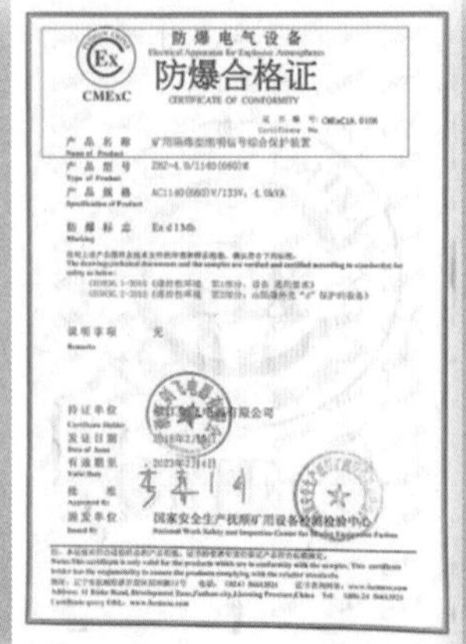

防爆电气设备

防爆合格证

CERTIFICATE OF CONFORMITY

矿用产品安全标志证书

SAFETY CERTIFICATE OF APPROVAL FOR MINING PRODUCTS

图 3.9-54　瓦斯隧洞内使用的防爆电器应具有防爆合格证、安全标志证书

洞室施工过程中，未对洞内有毒有害气体进行检测、监测。

判定隐患

图 3.9-55 隧洞未开展气体监测，无监测设备

事故案例

某水电站“3 · 31”较大中毒和窒息事故

2019 年 3 月 31 日 16 时 10 分左右，某水电站引水系统消缺工程项目建设工地，发生一起甲烷、二氧化碳、硫化氢等有毒有害气体中毒窒息死亡事故，事故造成 3 人死亡。

事故主要原因：

项目未按照要求配备有毒有害气体检测、监测设备，引水隧洞岩壁裂隙溢出甲烷、二氧化碳、硫化氢等有毒有害气体，扩散至作业区，导致现场作业人员中毒窒息死亡。

本条隐患判定的主要依据如下：

（1）《水工建筑物地下开挖工程施工规范》（SL 378—2007）

11.1.1　地下洞室开挖施工过程中，洞内氧气体积不应少于 20%，有害气体和粉尘含量应符合表 11.1.1 的规定标准。

表 11.1.1　空气中有害物质的容许含量

名称	容许浓度		附注
	按体积 /%	按质量 /（mg/m^3）	
二氧化碳（CO_2）	0.5	—	一氧化碳的容许含量与作业时间： 容许含量为 $50mg/m^3$ 时，作业时间不宜超过 1h； 容许含量为 $100mg/m^3$ 时，作业时间不宜超过 0.5h； 容许含量为 $200mg/m^3$ 时，作业时间不宜超过 20min； 反复作业的间隔时间应在 2h 以上
甲烷（CH_4）	1	—	
一氧化碳（CO）	0.00240	30	
氮氧化合物换算成二氧化氮（NO_2）	0.00025	5	
二氧化硫（SO_2）	0.00050	15	
硫化氢（H_2S）	0.00066	10	
醛类（丙烯醛）	—	0.3	
含有 10% 以上游离 SiO_2 的粉尘	—	2	含有 80% 以上游离 SiO_2 的生产粉尘不宜超过 $1mg/m^3$
含有 10% 以下游离 SiO_2 水泥粉尘	—	6	
含有 10% 以下游离 SiO_2 的其他粉尘	—	10	

11.2.8　对存在有害气体、高温等作业区，必须做专项通风设计，并设置监测装置。

11.3.4　施工地段含有瓦斯气体时，应参照《煤矿安全规程》（2004 年）第二节瓦斯防治，结合实际情况制定预防瓦斯的安全措施，并应遵守下列规定：

1 定期测定空气中瓦斯的含量。当工作面瓦斯浓度超过 1.0%，或二氧化碳浓度超过 1.5% 时，必须停止作业，撤出施工人员，采取措施，进行处理。

4 应配备专职瓦斯检测人员，检测设备应定期校检，报警装置应定期检查。

（注释：《煤矿安全规程》2016 年 2 月 25 日国家安全生产监督管理总局令第 87 号公布，自 2016 年 10 月 1 日起施行；根据 2022 年 1 月 6 日应急管理部令第 8 号修正）

11.3.5　施工单位的安全检查机构中，应有专门负责防尘、防有害气体、防噪声的检查监测人员，并应配备相应的检测仪器，定期检测，公示检测结果。检测结果达不到卫生标准时，应限期解决，必要时应停工整改。

（2）《水利水电工程施工作业人员安全操作规程》（SL 401—2007）

2.0.12　洞内作业前，应检查有害气体的浓度，当有害气体的浓度超过规定标准时，应及时排除。

（3）《水利水电地下工程施工组织设计规范》（SL 642—2013）

9.1.1　施工过程中，洞内氧气浓度不应小于 20%，有害气体和粉尘含量应符合下列要求：

1 甲烷、一氧化碳、硫化氢含量应满足表 9.1.1-1 的要求。

表 9.1.1-1　空气中有害气体的最高允许浓度

<table>
<tr><th rowspan="2">名称</th><th colspan="2">最高允许含量</th><th rowspan="2">附注</th></tr>
<tr><th>按体积 /%</th><th>按质量 /（mg/m^3）</th></tr>
<tr><td>甲烷（CH_4）</td><td>≤ 1.0</td><td>—</td><td></td></tr>
<tr><td>一氧化碳（CO）</td><td>≤ 0.0024</td><td>30</td><td><table>
<tr><th colspan="2">一氧化碳的最高允许含量与作业时间</th></tr>
<tr><th>作业时间</th><th>最高允许含量 /（mg/m^3）</th></tr>
<tr><td>< 1h</td><td>50</td></tr>
<tr><td>< 0.5h</td><td>100</td></tr>
<tr><td>15~20min</td><td>200</td></tr>
</table></td></tr>
<tr><td>硫化氢（H_2S）</td><td>≤ 0.00066</td><td>10</td><td>反复作业的间隔时间应在 2h 以上</td></tr>
</table>

2 二氧化碳和粉尘等含量应满足表 9.1.1-2 的要求。

表 9.1.1-2　空气中有害物质的最高允许浓度

<table>
<tr><th rowspan="2">名称</th><th colspan="2">最高允许含量</th><th rowspan="2">附注</th></tr>
<tr><th>按体积 /%</th><th>按质量 /（mg/m^3）</th></tr>
<tr><td>二氧化碳（CO_2）</td><td>≤ 0.5</td><td>—</td><td></td></tr>
<tr><td>氮氧化合物换算成二氧化氮（NO_2）</td><td>≤ 0.00025</td><td>5</td><td></td></tr>
<tr><td>二氧化硫（SO_2）</td><td>≤ 0.00050</td><td>15</td><td></td></tr>
<tr><td>醛类（丙烯醛）</td><td>—</td><td>0.3</td><td>反复作业的间隔时间应在 2h 以上</td></tr>
<tr><td>含有 10% 以上游离 SiO_2 的粉尘</td><td>—</td><td>2</td><td rowspan="3">含有 80% 以上游离 SiO_2 的生产粉尘不宜超过 $1mg/m^3$</td></tr>
<tr><td>含有 10% 以下游离 SiO_2 水泥粉尘</td><td>—</td><td>6</td></tr>
<tr><td>含有 10% 以下游离 SiO_2 的其他粉尘</td><td>—</td><td>10</td></tr>
</table>

正确做法示例

隧洞工程施工时，必须对洞内有毒有害气体进行检测，常用设备包括集成式智能监控监测系统（有毒有害气体自动监测、视频监控、应急通信、声光报警）、固定简易式有毒有害气体监测设备、移动式气体检测设备（手持）等类型，在 TBM 隧洞中随主机配备了固定式气体监测设备。

在长、特长及高风险隧洞必须配备有毒有害气体自动监测及报警设备；瓦斯隧洞除配备以上监测、检测设备外，还应配备专职瓦检员和自动监测瓦斯装置，并严格按照技术方案规定频次进行检测。具体示例见图 3.9-56~ 图 3.9-61。

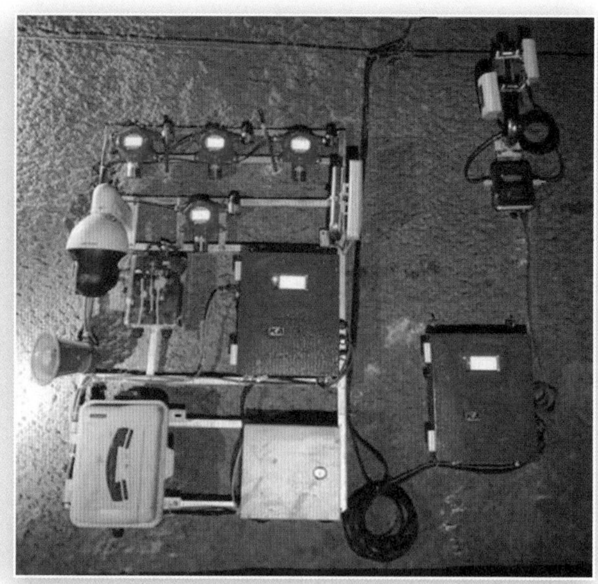

图 3.9-56　隧洞内有毒有害气体自动监测、视频监控、应急通信、声光报警等智能系统

图 3.9-57　隧洞内简易式有毒有害气体监测设备

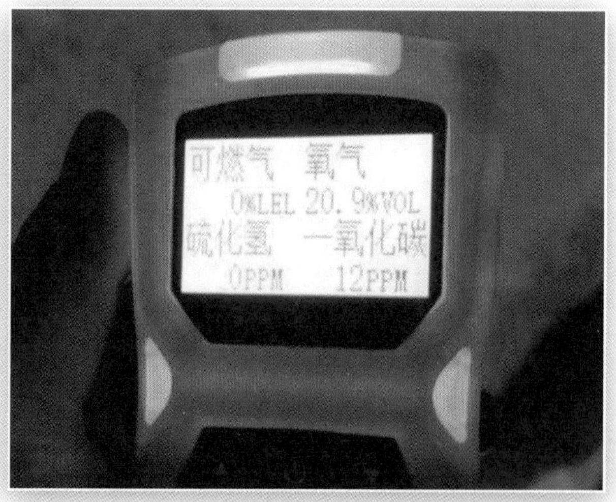

图 3.9-58　隧洞内移动式气体检测设备

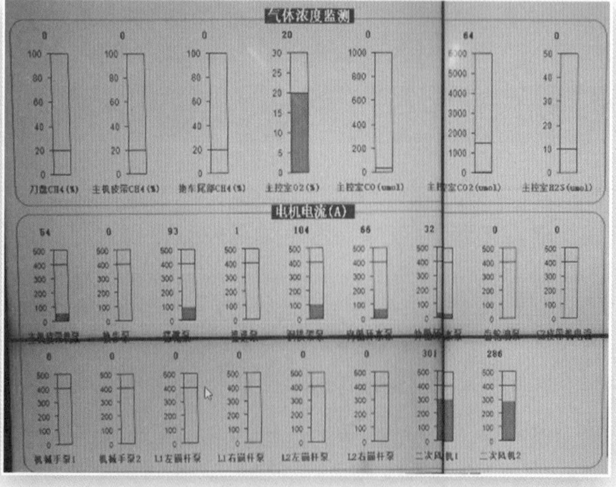

图 3.9-59　TBM 隧洞内固定式有毒有害气体自动监测设备及数字系统运用

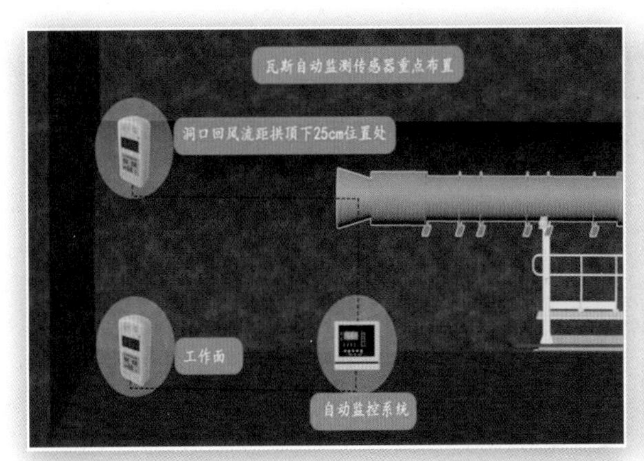

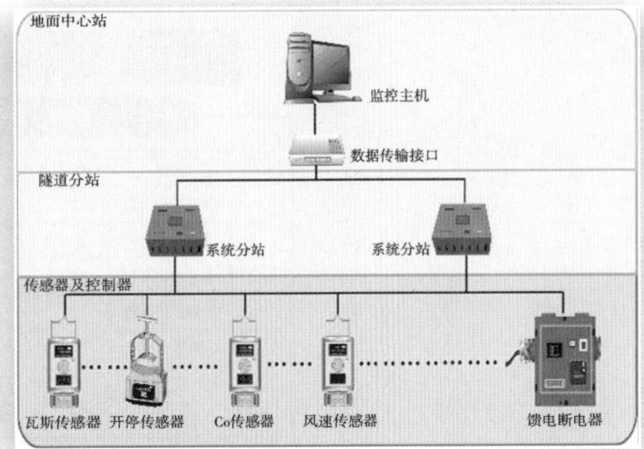

图 3.9-60　瓦斯隧洞施工需布置自动监测装置及系统结构示意图

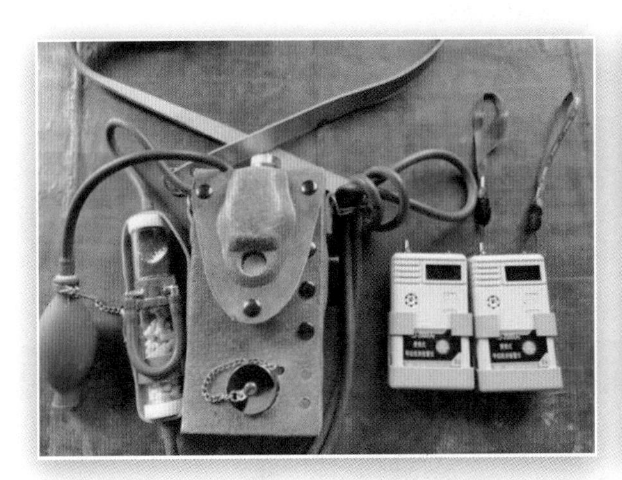

图 3.9-61　瓦斯隧洞施工必须设专职瓦检员手持检测仪进行检测

知识拓展

某瓦斯隧道气体监测及处理流程、气体检测数据公示牌示例

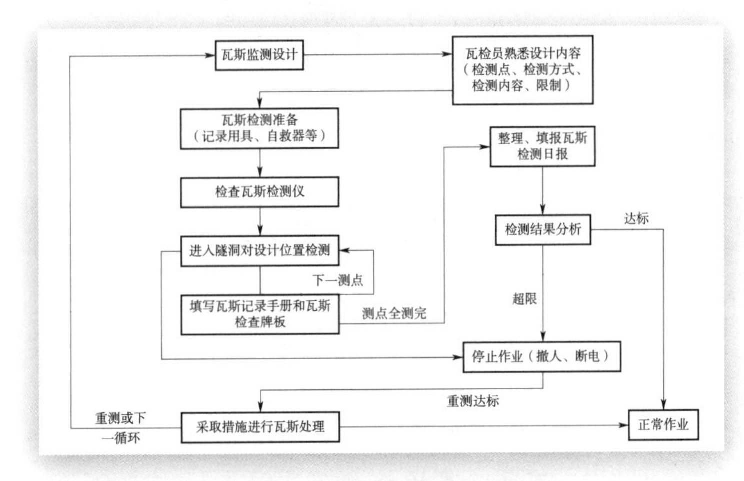

图 3.9-62　瓦斯隧道气体监测及处理流程

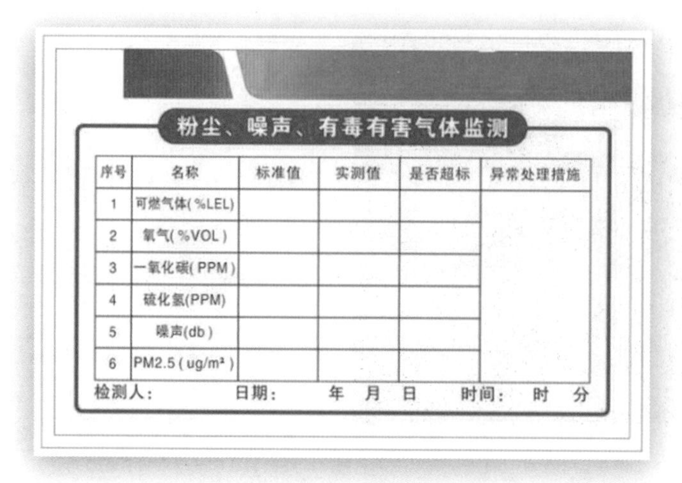

粉尘、噪声、有毒有害气体监测

序号	名称	标准值	实测值	是否超标	异常处理措施
1	可燃气体(%LEL)				
2	氧气(%VOL)				
3	一氧化碳(PPM)				
4	硫化氢(PPM)				
5	噪声(db)				
6	PM2.5(ug/m³)				

检测人：　　日期：　　年　月　日　　时间：　时　分

图 3.9-63　有毒有害气体监测数据公示牌示例

有毒有害气体达到或超过规定标准时未采取有效措施。

判定隐患

图 3.9-64　隧洞内有毒有害气体（硫化氢）检测数据异常，作业人员未采取防护措施

事故案例

施工中出现瓦斯隐患未采取有效措施导致瓦斯爆炸事故

2005 年 12 月 22 日，×× 省 ×× 隧道发生特别重大瓦斯爆炸事故，造成 44 人死亡，11 人受伤，直接经济损失 2035 万元。事故示意图见图 3.9-65 和图 3.9-66。

图 3.9-65　瓦斯隧道洞内瓦斯浓度检测值超标

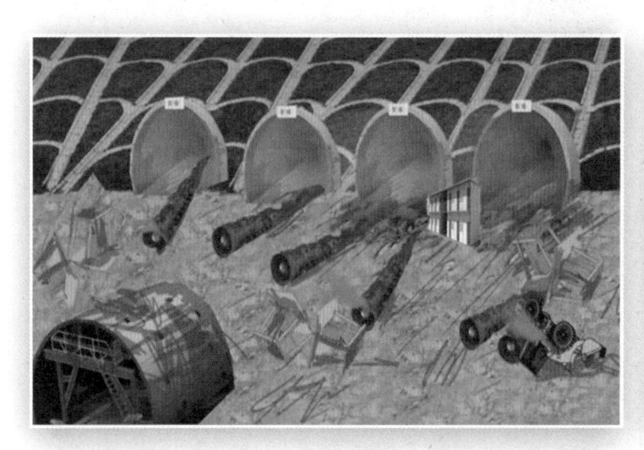

图 3.9-66　瓦斯隧道洞爆炸事故现场造成死亡人员数量及分布情况

事故主要原因：

1. 由于掌子面处塌方，瓦斯异常涌出，致使模板台车附近瓦斯浓度达到爆炸界限，模板台车配电箱附近悬挂的三芯插头短路产生火花引起瓦斯爆炸。
2. 施工中安全管理混乱，通风管理不善，右洞掌子面拱顶瓦斯浓度经常超限。
3. 施工单位违规分包，对施工中出现的瓦斯隐患未采取有效措施。
4. 设计单位对涉及施工安全的瓦斯异常涌出认识不足，防范措施不到位。

本条隐患判定的主要依据如下：

（1）《水工建筑物地下开挖工程施工规范》（SL 378—2007）

11.2.8　对存在有害气体、高温等作业区，必须做专项通风设计，并设置监测装置。

（2）《水利水电工程土建施工安全技术规程》（SL 399—2007）

3.5.1　洞室开挖作业应遵守下列规定：

7 暗挖作业中，在遇到不良地质构造或易发生塌方地段、有害气体逸出及地下涌水等突发事件，应即令停工，作业人员撤至安全地点。

正确做法示例

图 3.9-67　隧洞内有毒有害气体检测数值浓度超标报警时，应立即切断电源，作业人员及时撤离

图 3.9-68　组织向洞内通风、抽风

图 3.9-69　瓦斯隧洞内应设置瓦电闭锁装置

图 3.9-70　瓦斯隧洞内作业人员应配备自救呼吸器等救生设施

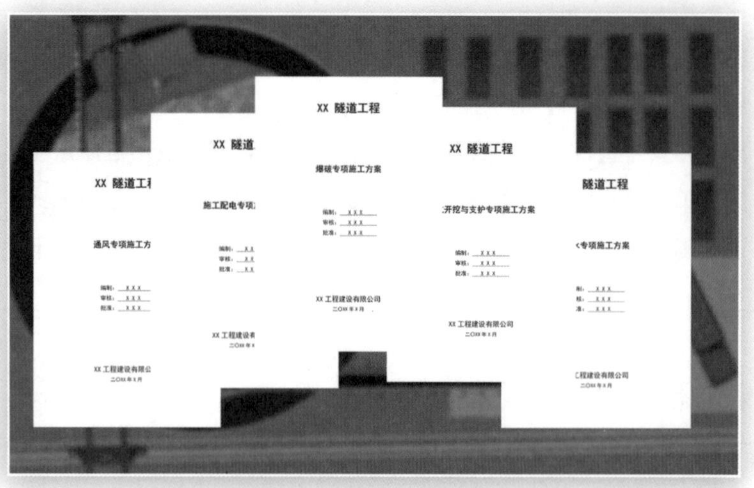

图 3.9-71　针对有毒有害浓度超标，制定专项方案、制度、应急预案，并严格落实执行

隐患条文　隧洞内动火作业未按要求履行作业许可审批手续并安排专人监护。

判定隐患

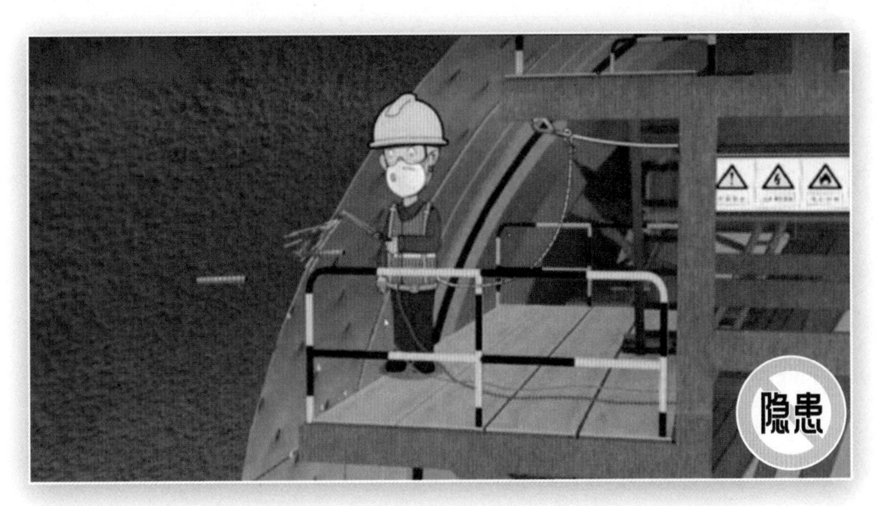

图 3.9-72　隧洞内特殊部位（易燃区域）动火电焊无专人监护、无防火措施

事故案例

动火作业技术和安全措施针对性不强、审批和管控不到位导致火灾事故

2011 年 12 月 9 日，由 ×× 单位承建施工的 ×× 隧洞出口，防水板和钢筋施工作业时发生火灾，造成 6 人死亡。

事故主要原因：

1. 二衬钢筋绑扎作业人员违章作业，电焊作业散落的钢渣引燃二衬台架上的模板、防水板、安全网等可燃物品，导致事故发生。
2. 项目对焊工的特种作业操作资格证资质审查把关不严。
3. 现场动火作业审批手续不完善，采取的技术和安全措施针对性不强。
4. 项目对风险源分析、辨识不足，动火作业管控缺失。

本条隐患判定的主要依据如下：

（1）《水利水电工程施工安全管理导则》（SL 721—2015）

7.4.8　施工单位使用明火或进行电（气）焊作业时，应落实防火措施，特殊部位应办理动火作业票。

（2）《水利水电工程施工通用安全技术规程》（SL 398—2007）

3.5.8　施工区域需要使用明火时，应将使用区进行防火分隔，清除动火区域内的易燃、可燃物，配置消防器材，并应有专人监护。

（3）《建设工程施工现场消防安全技术规范》（GB 50720—2011）

6.3.1　（节选）施工现场用火，应符合下列规定：

1 动火作业应办理动火许可证；动火许可证的签发人收到动火申请后，应前往现场查验并确认动火作业的防火措施落实后，再签发动火许可证。

6 焊接、切割、烘烤或加热等动火作业应配备灭火器材，并应设置动火监护人进行现场监护，每个动火作业点均应设置 1 个监护人。

（4）《水利水电工程机电设备安装安全技术规程》（SL 400—2016）

3.4.1　施工现场消防安全管理应符合下列规定：

1 安装现场消防宜采用分级管理，严格落实动火申报审批制度。使用明火或进行电（气）焊作业时，应办理相应动火工作票，并采取相应的防火措施。

2 施工现场应根据消防工作的要求，配备不同用途的消防器材和设施，并布置在明显和便于取用的地点。消防器材、设备附近不应堆放其他物品。

3 消防器材、设备应由专人负责管理，定期检查维护，做好检查记录，保持消防器材的完整有效。

5.4.5　在蜗壳内进行防腐、环氧灌浆或打磨作业时，应配备相应的照明、防火、防毒、通风及除尘等设施。

正确做法示例

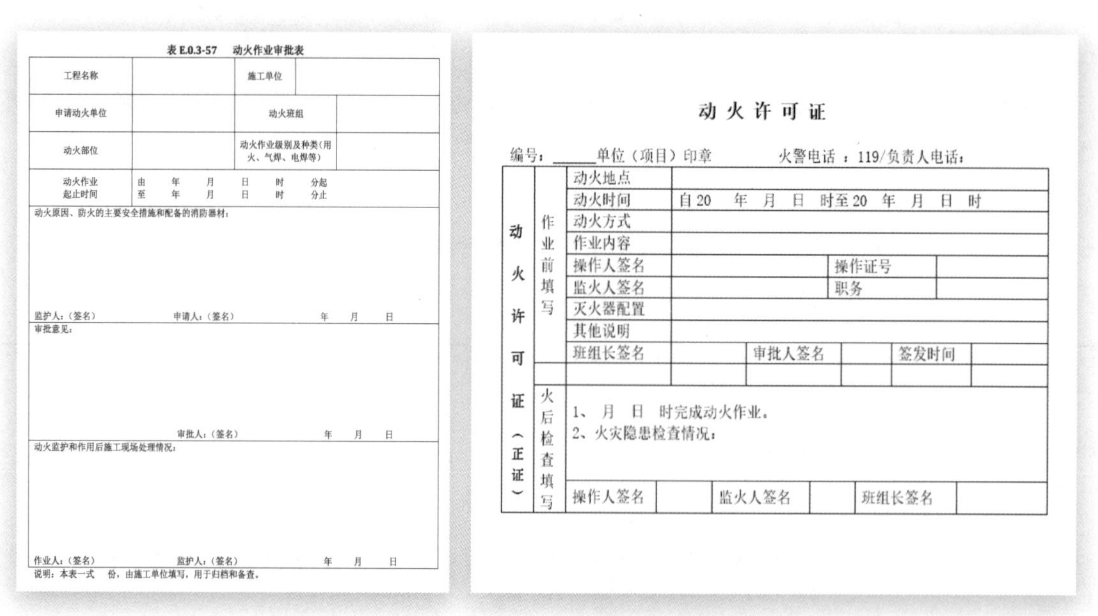

表 E.0.3-57　动火作业审批表

工程名称		施工单位	
申请动火单位		动火班组	
动火部位		动火作业级别及种类（用火、气焊、电焊等）	
动火作业起止时间	由　年　月　日　时　分起 至　年　月　日　时　分止		
动火原因、防火的主要安全措施和配备的消防器材： 监护人：（签名）　申请人：（签名）　年　月　日			
审批意见： 审批人：（签名）　年　月　日			
动火监护和作用后施工现场处理情况： 作业人：（签名）　监护人：（签名）　年　月　日			

说明：本表一式　份，由施工单位填写，用于归档和备查。

动火许可证

编号：＿＿＿单位（项目）印章　　火警电话：119/负责人电话：

动火许可证（正证）	作业前填写	动火地点			
		动火时间	自 20　年　月　日　时至 20　年　月　日　时		
		动火方式			
		作业内容			
		操作人签名		操作证号	
		监火人签名		职务	
		灭火器配置			
		其他说明			
		班组长签名		审批人签名	签发时间
	火后检查填写	1、 月　日　时完成动火作业。 2、火灾隐患检查情况：			
		操作人签名		监火人签名	班组长签名

图 3.9-73　动火作业前填写动火作业审批表，办理动火许可证

图 3.9-74　动火作业现场管理，指定专人监控，配备消防器材等

知识拓展

《危险化学品企业特殊作业安全规范》（GB 30871—2022）

5　动火作业

5.1　作业分级

5.1.1　固定动火区外的动火作业分为特级动火、一级动火和二级动火三个级别；遇节假日、公休日、夜间或其他特殊情况，动火作业应升级管理。

5.1.2　特级动火作业：在火灾爆炸危险场所处于运行状态下的生产装置设备、管道、储罐、容器等部位上进行的动火作业（包括带压不置换动火作业）；存有易燃易爆介质的重大危险源罐区防火堤内的动火作业。

5.1.3　一级动火作业：在火灾爆炸危险场所进行的除特级动火作业以外的动火作业，管廊上的动火作业按一级动火作业管理。

5.1.4　二级动火作业：除特级动火作业和一级动火作业以外的动火作业。

生产装置或系统全部停车，装置经清洗、置换、分析合格并采取安全隔离措施后，根据其火灾、爆炸危险性大小，经危险化学品企业生产负责人或安全管理负责人批准，动火作业可按二级动火作业管理。

5.1.5　特级、一级动火安全作业票有效期不应超过 8h；二级动火安全作业票有效期不应超过 72h。

3.10　设备安装（SJ-J015）

蜗壳、机坑里衬安装时，搭设的施工平台（组装）未经检查验收即投入使用。

本条隐患判定的主要依据如下：

《水利水电工程机电设备安装安全技术规程》（SL 400—2016）

3.2.8 施工现场脚手架和作业平台搭设应制定专项方案，经审批后方可实施。脚手架和作业平台搭设完成后，应经验收合格后方可使用，并悬挂标示牌。脚手架、平台拆除时，在拆除物坠落范围的外侧应设有安全围栏与醒目的安全警示标志，现场应设专人监护。

5.4.4 制作、安装施工平台，应先编制施工方案，并经批准后实施。施工平台组装后，应经相关部门检查验收，合格后方可使用。

正确做法示例

图 3.10-1 机坑内转子组装工位施工平台

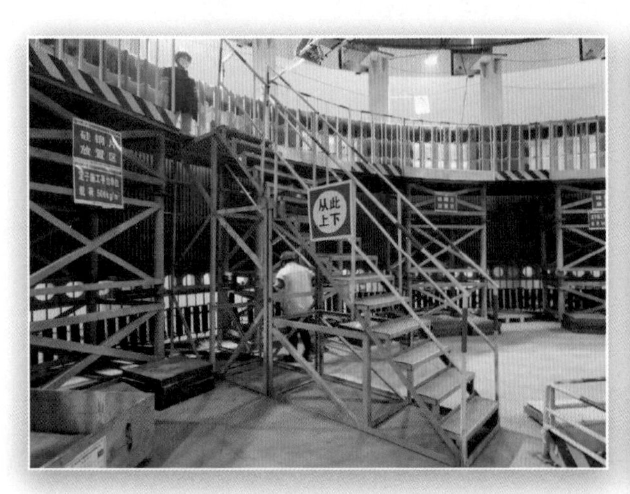

图 3.10-2 机坑内定子铁片叠装施工平台全景

图 3.10-3 机坑内定子叠装作业平台及安全防护

图 3.10-4　机坑内转子组装施工平台及安全防护

图 3.10-5　蜗壳施工平台及安全防护

图 3.10-6　机坑内施工平台现场组织验收

表 E.0.3-37　临边洞口防护验收表

工程名称		×× 水利工程		
总承包单位		××水利工程建设有限公司	项目负责人	×××
专业承包单位		××工程公司	项目负责人	×××
形象进度		×××	防护责任人	×××
序号	检查项目	检查内容与要求		验收结果
1	资料	有预防高处坠落事故的专项施工方案，做到防护规范化、标准化、工具化		符合规范要求
2	洞口防护	电梯井口必须设防护栏杆或固定栅门		符合规范要求
		电梯井内应每隔两层并最多隔 10m 设一道安全平网		符合规范要求
		边长 2.5～25cm 的洞口必须用坚实的盖板覆盖，盖板不能挪动		符合规范要求
		边长 25～50cm 的洞口，用竹木等盖板，盖住洞口。盖板须能保持四周搁置均衡，并有固定其位置的措施		符合规范要求
		边长为 50～150cm 的洞口，必须设置以扣件扣接钢管而成的网格，并在其上满铺竹笆或脚手板，网格间距不大于 20cm		符合规范要求
		边长为 150cm 以上的洞口，四周设防护栏杆，洞口下张设安全平网		符合规范要求
3	临边防护	防护栏杆应由上下两道横杆及栏杆柱组成，上杆离地高度为 1.0～1.2m，下杆距地高度 0.5～0.6m		符合规范要求
		基坑周边固定时，钢管插入地面 50～70cm，钢管离边口距离大于 50cm		符合规范要求
		在混凝土楼面、屋面或墙面固定时，可用预埋件与钢管或钢筋焊牢		符合规范要求
		采用木、竹栏杆时可在预埋件上焊接 30cm 长的 L50×5 角钢，上下各钻一孔用 10mm 螺栓与竹、木杆件栓牢		符合规范要求
		栏杆必须自上而下用安全立网封闭或栏杆下边设置 18cm 挡脚板		符合规范要求
		栏杆柱的固定及其横杆的连接，在杆件的任何部分都能承受任何方向的 1000N 外力		符合规范要求

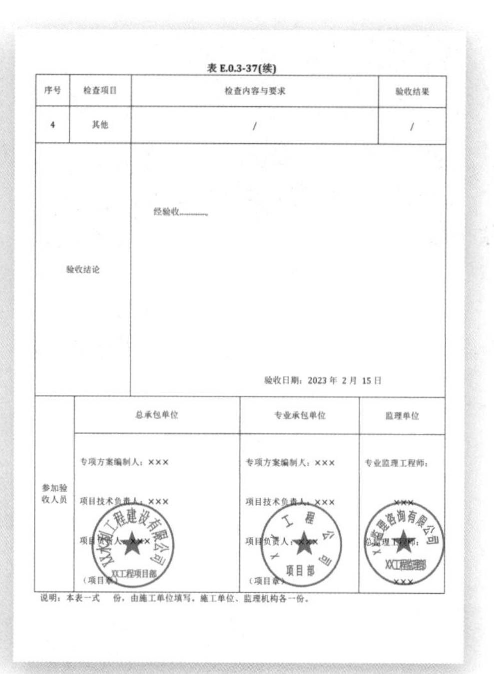

表 E.0.3-37(续)

序号	检查项目	检查内容与要求		验收结果
4	其他	/		/
验收结论		经验收………… 验收日期：2023 年 2 月 15 日		
参加验收人员	总承包单位		专业承包单位	监理单位
	专项方案编制人：××× 项目技术负责人：××× 项目负责人：××× （项目章）		专项方案编制人：××× 项目技术负责人：××× 项目负责人：××× （项目章）	专业监理工程师： ××× 总监理工程师： ×××

说明：本表一式　份，由施工单位填写，施工单位、监理机构各一份。

图 3.10-7　施工平台临边洞口防护验收表

在机坑中进行电焊、气割作业（如水机室、定子组装、上下机架组装）时，未设置隔离防护平台或铺设防火布，现场未配备消防器材。

判定隐患

图 3.10-8　机坑中蜗壳环缝焊接现场未配备消防器材

图 3.10-9　机坑中转子下环缝焊接未设置隔离防护平台且未配备消防器材

本条隐患判定的主要依据如下：

《水利水电工程机电设备安装安全技术规程》（SL 400—2016）

3.4.1　施工现场消防安全管理应符合下列规定：

1 安装现场消防宜采用分级管理，严格落实动火申报审批制度。使用明火或进行电（气）焊作业时，应办理相应动火工作票，并采取相应的防火措施。

2 施工现场应根据消防工作的要求，配备不同用途的消防器材和设施，并布置在明显和便于取用的地点。消防器材、设备附近不应堆放其他物品。

3 消防器材、设备应由专人负责管理，定期检查维护，做好检查记录，保持消防器材的完整有效。

5.4.5　在蜗壳内进行防腐、环氧灌浆或打磨作业时，应配备相应的照明、防火、防毒、通风及除尘等设施。

正确做法示例

图 3.10-10　电焊作业现场配备消防器材

3.11 水上作业（SJ-J016）

未按规定设置必要的安全作业区或警戒区。

判定隐患

图 3.11-1 水上施工作业未按规定设置警戒区

本条隐患判定的主要依据如下：

（1）《中华人民共和国水上水下作业和活动通航安全管理规定》（交通运输部令 2021 年第 24 号）

第十八条　海事管理机构应当根据作业或者活动水域的范围、自然环境、交通状况等因素合理核定安全作业区的范围，并向社会公告。需要改变的，应当由海事管理机构重新核定公告。

水上水下作业或者活动已经海事管理机构核定安全作业区的，船舶、海上设施或者内河浮动设施应当在安全作业区内进行作业或者活动。无关船舶、海上设施或者内河浮动设施不得进入安全作业区。

建设单位、主办单位或者施工单位应当在安全作业区设置相关的安全警示标志、配备必要的安全设施或者警戒船。

（2）《水利水电工程施工安全防护设施技术规范》（SL 714—2015）

9.2.1　开工前，应做好下列工作：

2 施工区域如挖泥船作业区、水下锚缆、水上浮管、潜管沿线、出泥管口、交通道口、排泥区的相关部位以及特殊设备处设置相应的航标、信号装置、施工标示牌等相应标示，并始终保持正常使用状态，在醒目处设安全警示牌，危险部位设有警示标志并有防护措施。

✔ 正确做法示例

图 3.11-2　安全作业区配备安全浮标和夜间警示灯

图 3.11-3　施工水域专项安全浮标

图 3.11-4　水上作业安全警示船

水上作业施工船舶施工安全工作条件不符合船舶使用说明书和设备状况，未停止施工；
挖泥船的实际工作条件大于 SL 17—2014 表 5.7.9 中所列数值，未停止施工。

本条隐患判定的主要依据如下：

《疏浚与吹填工程技术规范》（SL 17—2014）

5.7.9　施工船舶应符合下列安全要求：

5 挖泥船的安全工作条件应根据船舶使用说明书和设备状况确定，在缺乏资料时应按表 5.7.9 的规定执行。当实际工作条件大于表 5.7.9 中所列数值之一时，应停止施工。

表 5.7.9　挖泥船对自然影响的适应情况表

船舶类型		风力（级）		浪高 /m	纵向流速 /（m/s）	雾（雪）（级）
		内河	沿海			
绞吸式	＞ $500m^3/h$	6	5	0.6	1.6	2
	$20\sim500m^3/h$	5	4	0.4	1.5	2
	＜ $200m^3/h$	5	不适合	0.4	1.2	2
链斗式	$750m^3/h$	6	6	1.0	2.5	2
	＜ $750m^3/h$	5	不适合	0.8	1.8	2
铲斗式	斗容＞ $4m^3$	6	5	0.6	2.0	2
	斗容≤ $4m^3$	6	5	0.6	1.5	2
抓斗式	斗容＞ $4m^3$	6	5	0.6~1.0	2.0	2
	斗容≤ $4m^3$	5	5	0.4~0.8	1.5	2
拖轮拖带泥驳	＞ 294kW	6	5~6	0.8	1.5	3
	≤ 294kW	6	不适合	0.8	1.3	3

正确做法示例

挖泥船的安全工作条件应根据船舶使用说明书和设备的状况确定，在缺乏资料时，应按 SL 17—2014 表 5.7.9 的规定执行。如图 3.11-5 所示，某型挖泥船的使用说明书中，给出了该挖泥船的设计环境条件（即安全工作条件），则此挖泥船作业时，应严格执行。

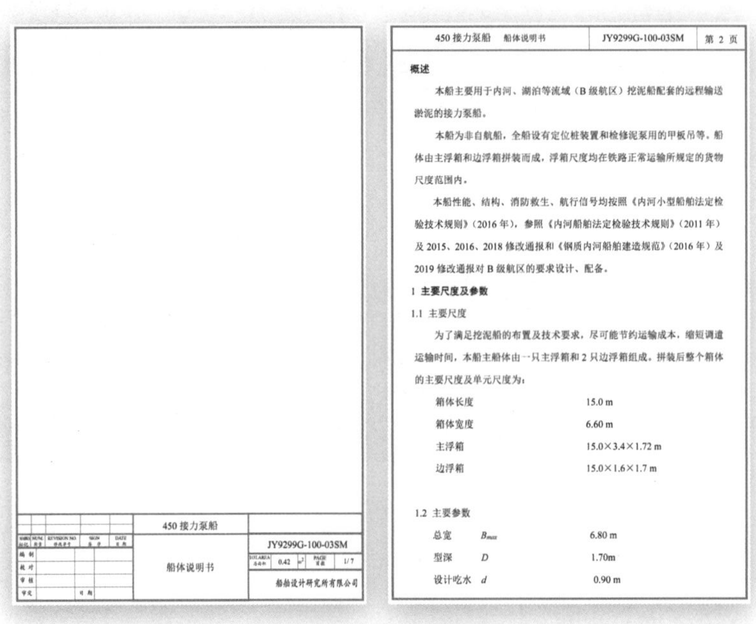

450 接力泵船

船体说明书

JY9299G-100-03SM

0.42 m² 1/7

船舶设计研究所有限公司

450 接力泵船　船体说明书　JY9299G-100-03SM　第 2 页

概述

本船主要用于内河、湖泊等流域（B 级航区）挖泥船配套的远程输送淤泥的接力泵船。

本船为非自航船，全船设有定位桩装置和检修泥泵用的甲板吊等。船体由主浮箱和边浮箱拼装而成，浮箱尺度均在铁路正常运输所规定的货物尺度范围内。

本船性能、结构、消防救生、航行信号均按照《内河小型船舶法定检验技术规则》（2016 年），参照《内河船舶法定检验技术规则》（2011 年）及 2015、2016、2018 修改通报和《钢质内河船舶建造规范》（2016 年）及 2019 修改通报对 B 级航区的要求设计、配备。

1 主要尺度及参数

1.1 主要尺度

为了满足挖泥船的布置及技术要求，尽可能节约运输成本，缩短调遣运输时间，本船主船体由一只主浮箱和 2 只边浮箱组成。拼装后整个箱体的主要尺度及单元尺度为：

箱体长度	15.0 m
箱体宽度	6.60 m
主浮箱	15.0×3.4×1.72 m
边浮箱	15.0×1.6×1.7 m

1.2 主要参数

总宽	B_{max}	6.80 m
型深	D	1.70m
设计吃水	d	0.90 m

图 3.11-5　**船体使用说明书**

知识拓展 1

水上抛石施工现场

图 3.11-6　**抛石施工**

图 3.11-7　水上钢管桩围堰施工

图 3.11-8　水上钢管桩围堰施工明确专人现场监管

知识拓展 2

挖泥船舶类型

图 3.11-9　绞吸式挖泥船示意图

图 3.11-10　铲斗式挖泥船示意图

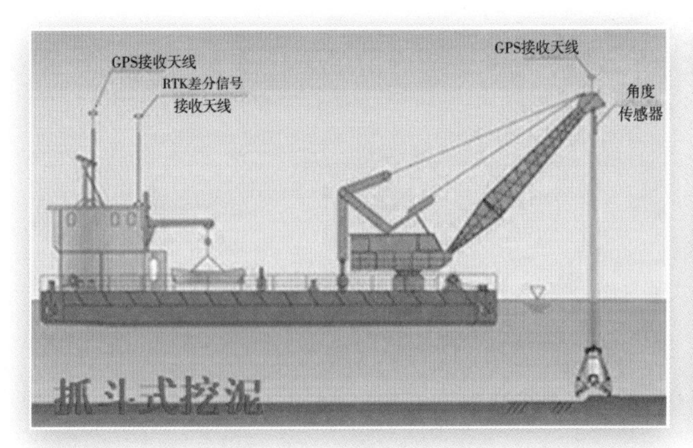

图 3.11-11　抓斗式挖泥船示意图

图 3.11-12　链斗式挖泥船示意图

第 4 章

其他重大事故隐患

4.1 防洪度汛（SJ-J017）

有度汛要求的建设项目未按规定制定度汛方案和超标准洪水应急预案。

事故案例

围堰溃决事故

2004 年 5 月 26—27 日，某流域骤降暴雨，27 日 17 时 49 分，位于某市上游 11km 处的水电枢纽工程（在建）洪峰流量达到 1071m^3/s，洪水漫过围堰导致围堰溃决，致使发电引水洞内 4 名施工人员死亡，下游河滩便道上一辆小客车被洪水冲走，车内 10 人死亡、4 人失踪。

事故主要原因：

1. 洪水超过围堰设计防洪标准。
2. 项目业主某水电开发有限公司和施工单位某工程公司项目部没有按要求制定防汛预案、安全措施不落实、临场抢险指挥不当。
3. 监理单位审查不严，市政府和防汛管理部门监管不力、防汛责任制不落实。

图 4.1-1　围堰垮塌事故现场

本条隐患判定的主要依据如下：

（1）《水利工程建设安全生产管理规定》（水利部令第 26 号）

第九条　项目法人应当组织编制保证安全生产的措施方案，并自工程开工之日起 15 个工作日内报有管辖权的水行政主管部门、流域管理机构或者其委托的水利工程建设安全生产监督机构（以下简称“安全生产监督机构”）备案。建设过程中安全生产的情况发生变化时，应当及时对保证安全生产的措施方案进行调整，并报原备案机关。

保证安全生产的措施方案应当根据有关法律法规、强制性标准和技术规范的要求并结合工程的具体情况编制，应当包括以下内容：

（一）项目概况；

（二）编制依据；

（三）安全生产管理机构及相关负责人；

（四）安全生产的有关规章制度制定情况；

（五）安全生产管理人员及特种作业人员持证上岗情况等；

（六）生产安全事故的应急救援预案；

（七）工程度汛方案、措施；

（八）其他有关事项。

第二十一条　施工单位在建设有度汛要求的水利工程时，应当根据项目法人编制的工程度汛方案、措施制定相应的度汛方案，报项目法人批准；涉及防汛调度或者影响其他工程、设施度汛安全的，由项目法人报有管辖权的防汛指挥机构批准。

（2）《水利水电工程施工通用安全技术规程》（SL 398—2007）

3.7.1　建设单位应组织成立有施工、设计、监理等单位参加的工程防汛机构，负责工程安全度汛工作。应组织制定度汛方案及超标准洪水的度汛预案。

3.7.2　设计单位应于汛前提出工程度汛标准、工程形象面貌及度汛要求。

3.7.3　施工单位应按设计要求和现场施工情况制定度汛措施，报建设单位（监理）审批后成立防汛抢险队伍，配置足够的防汛物资，随时做好防汛抢险的准备工作。

（3）《水利水电工程施工安全管理导则》（SL 721—2015）

7.5.1　项目法人应根据工程情况和工程度汛需要，组织制定工程度汛方案和超标准洪水应急预案，报有管辖权的防汛指挥机构批准或备案。

（4）《水利部印发〈关于加强在建水利工程安全度汛工作的指导意见〉的通知》（水建设〔2024〕16号）

二、严格落实安全度汛责任

（四）健全责任体系

进一步压实在建水利工程安全度汛责任，项目法人对在建水利工程安全度汛承担首要责任，施工单位承担直接责任，设计、监理单位承担相应主体责任。实行代建、工程总承包等管理模式的，代建、工程总承包等单位依据有关规定和合同承担相应责任，不替代项目法人的首要责任。流域管理机构和地方各级水行政主管部门依管理权限对在建水利工程安全度汛承担监管责任。

三、强化预案管理

（九）编制度汛方案

项目法人应当依据批准的设计文件、施工组织设计或年度实施方案、《在建水利工程度汛方案编制指南》（见附件2）组织编制工程度汛方案，并报负责项目监管的流域管理机构或地方水行政主管部门备案

（见附件 1）。水行政主管部门负责监管的重点工程度汛方案，需通过专家咨询论证后报负责项目监管的流域管理机构或地方水行政主管部门批准。度汛方案应当于每年汛前完成报备或报批工作，汛期新开工项目应当于开工前完成度汛方案的报备或报批。

（十）编制超标准洪水应急预案

项目法人应当依据《在建水利工程超标准洪水应急预案编制指南》（见附件 3）组织对溃坝、溃堰、建筑物冲毁等风险进行评估，编制超标准洪水应急预案，与度汛方案一同报送负责项目监管的流域管理机构或地方水行政主管部门备案。水行政主管部门负责监管的重点工程超标准洪水应急预案需通过专家咨询论证后，报负责项目监管的流域管理机构或地方水行政主管部门批准，并报属地防汛指挥机构备案。其他工程可不单独编制超标准洪水应急预案，但应当在度汛方案中设立超标准洪水应急预案专章。超标准洪水应急预案应当于每年汛前完成报备或报批工作，汛期新开工项目应当于开工前完成超标准洪水应急预案的报备或报批。

正确做法示例

××水利工程

2023 年度

度 汛 方 案

XX 工程建设处

（公章）

年 月 日

附件 2

在建水利工程度汛方案编制指南

1. 编制依据及适用范围

1.1 编制依据

法律法规、规程规范、工程建设合同、设计文件、度汛技术要求、施工组织设计、水行政主管部门及防汛指挥机构要求等。

（本方案编制主要依据：1.中华人民共和国防洪法、中华人民共和国防汛条例；水利工程建设安全生产管理规定、突发事件应急预案管理办法、水利建设项目稽察常见问题清单。2.生产经营单位生产安全事故应急预案编制导则 GB/T 29639、防洪标准 GB 50201、水利水电工程等级划分及洪水标准 SL 252、防汛储备物资验收标准 SL 297、防汛物资储备定额编制规程 SL 298、水利水电工程施工组织设计规范 SL 303、水利水电工程施工通用安全技术规程 SL 398、水利水电工程施工导流设计规范 SL 623、水利水电工程围堰设计规范 SL 645、水利水电工程施工安全管理导则 SL 721、水电工程施工期防洪度汛报告编制规程 NB/T 10492、水电水利工程施工度汛风险评估规程 DL/T 5307。3.流域综合规划、流域防洪规划等；4.设计文件及批文，施工合同、设计图纸、度汛技术要求及施工组织设计或年度实施方案；5.水行政主管部门及防汛指挥机构对项目度汛的要求以及批

图 4.1-2 度汛方案

××水利工程

2023年度

超标准洪水应急预案

XX工程建设处

（公章）

年　月　日

附件3

在建水利工程超标准洪水应急预案
编制指南

1. 总则

1.1 编制目的

编制应急预案的目的。

1.2 编制依据

法律法规、规程规范、流域规划、水行政主管部门及防汛指挥机构要求、设计文件及度汛技术要求、工程建设合同及施工组织设计等。

〔本方案编制主要依据：1.法律法规及规范性文件：中华人民共和国防洪法、中华人民共和国水法、中华人民共和国突发事件应对法、中华人民共和国安全生产法、中华人民共和国防汛条例、国家突发公共事件总体应急预案、国家防汛抗旱应急预案等；2.生产经营单位生产安全事故应急预案编制导则 GB/T 29639、防洪标准 GB 50201、水利水电工程等级划分及洪水标准 SL 252、水利水电工程施工组织设计规范 SL 303、水利水电工程施工导流设计规范 SL 623 及水利水电工程围堰设计规范 SL 645 等；3.流域综合规划、流域防洪规划以及城市防洪规划等综合、专项规划；流域防御洪水方案、流域洪水调度方案和流域超标准洪水防御预案等；4.水行政主管部门及防汛指挥机构对工程施工超标准洪

图 4.1-3　超标准洪水应急预案

工程进度不满足度汛要求时未制定和采取相应措施。

本条隐患判定的主要依据如下：

（1）《水利部印发〈关于加强在建水利工程安全度汛工作指导意见〉的通知》（水建设〔2024〕16号）

四、落实安全度汛措施

（十三）保障工程建设进度

项目法人及各参建单位应当在保证工程质量和安全的前提下，采取有效措施保障工程建设进度，确保水库大坝、穿（破）堤、施工围堰、导流工程、深基坑、水下工程等工程或部位形象面貌达到度汛要求。对特殊原因工程或部位形象面貌达不到度汛要求的必须制定应急处置方案，报负责项目监管的流域管理机构或地方水行政主管部门审核后实施。要做好与度汛有关工程的验收工作，确保已完工程或部位在汛期发挥作用。

正确做法示例

××水利工程

度汛方案及超标准洪水应急预案

XX工程建设处

（公章）

年 月 日

图 4.1-4 某水利工程度汛方案及超标准洪水应急预案

位于自然地面或河水位以下的隧洞进、出口未按施工期防洪标准设置围堰或预留岩坎。

判定隐患

隧洞进、出口位于河水位以下或自然地面高程以下时，如未采取设置围堰或预留岩塞、岩坎等措施，防止河水及地表水汇流进洞的，将会导致生产安全事故发生，应判定为重大事故隐患。

本条隐患判定的主要依据如下：

《水工建筑物地下开挖工程施工规范》（SL 378—2007）

5.2.6 位于河水位以下的隧洞进、出口，应按施工期防洪标准设置围堰或预留岩坎，在围堰或岩坎保护下进行开挖。需要采用岩塞爆破方法形成洞口时，应进行专门论证。

正确做法示例

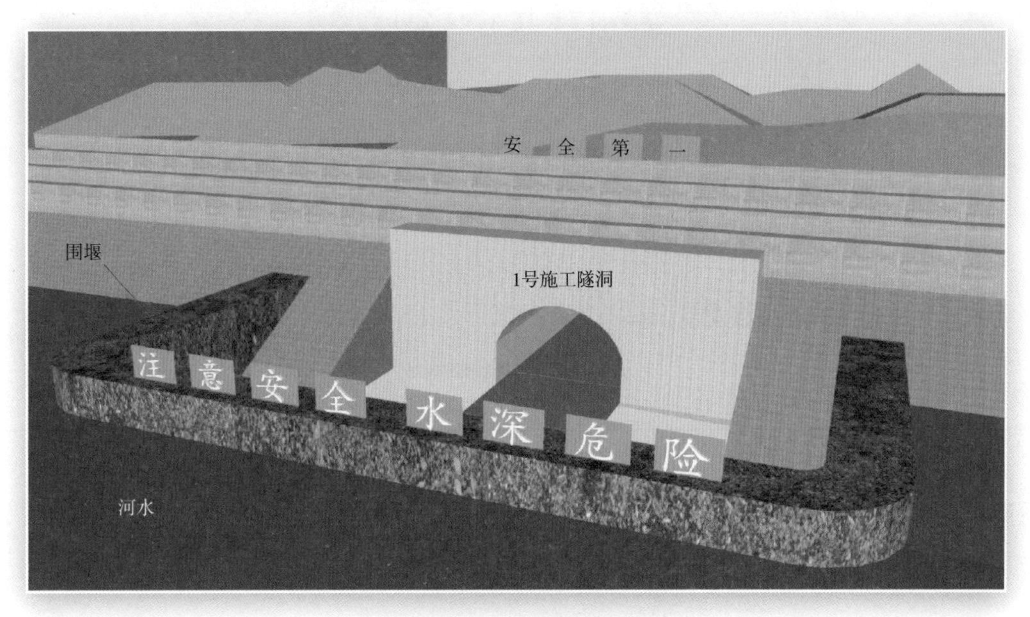

图 4.1-5 隧洞进口按要求设置围堰示意图

4.2 液氨制冷（SJ-J018）

氨压机车间控制盘柜与氨压机未分开隔离布置。

事故案例

制冷车间发生氨气大泄漏事故

2003 年 3 月 6 日 13 时，某市开发区食品有限公司制冷车间发生氨气大泄漏，事发当时 4 名技术人员正在车间检修，其中 2 名技术人员死亡。

事故主要原因：

阀门因年久失修，腐蚀老化，被氨气冲开。

图 4.2-1 氨气泄漏事故现场

本条隐患判定的主要依据如下：

（1）《水利水电工程施工安全防护设施技术规范》（SL 714—2015）

7.2.1 （节选）制冷系统车间应符合下列规定：

7 氨压机车间还应符合下列规定：

1）控制盘柜与氨压机应分开隔离布置，并符合防火防爆要求。

（2）《危险化学品仓库储存通则》（GB 15603—2022）

3.3 隔离储存 segregated storage

在同一房间或同一区域内，不同的物品之间分开一定的距离，非禁忌物品间用通道保持空间的储存方式。

正确做法示例

图 4.2-2 控制盘柜

图 4.2-3 氨压机车间

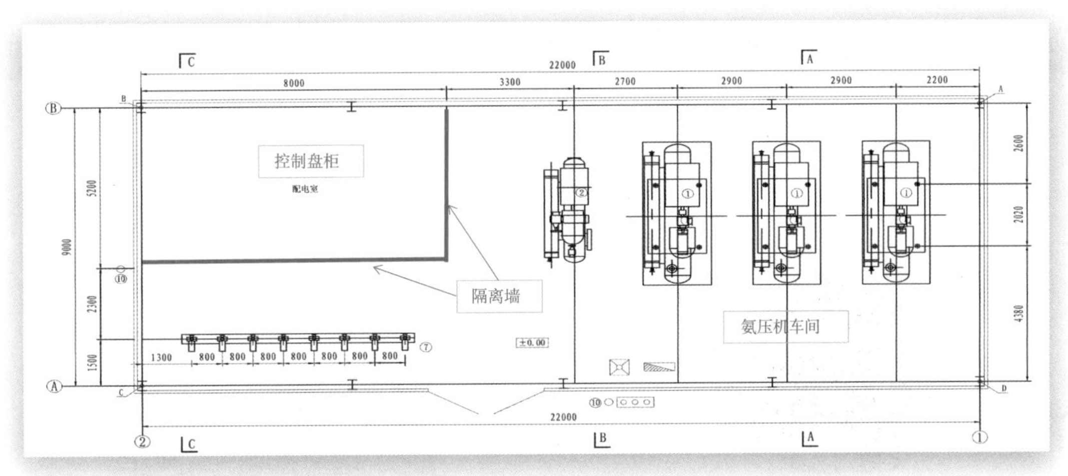

图 4.2-4　氨压机车间控制盘柜与氨压机分开隔离布置示意图（单位：mm）

未设置、配备固定式氨气报警仪和便携式氨气检测仪。

本条隐患判定的主要依据如下：

《水利水电工程施工安全防护设施技术规范》（SL 714—2015）

7.2.1　制冷系统车间应符合以下规定：

7 氨压机车间还应符合以下规定：

3）设有固定式氨气报警仪。

4）配备有便携式氨气检测仪。

正确做法示例

图 4.2-5　液氨制冷系统内氨浓度感应报警探头

图 4.2-6　液氨制冷系统内氨泄漏报警系统

图 4.2-7　免维护防爆灯

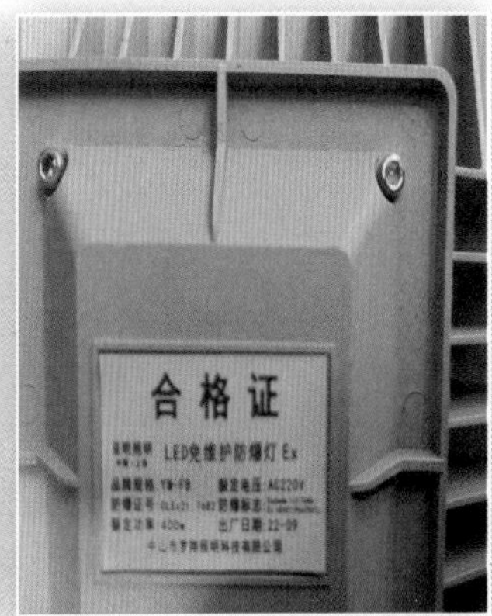

图 4.2-8　免维护防爆灯合格证

知识拓展

图 4.2-9　固定式氨气报警仪

图 4.2-10　便携式氨气测试仪

未设置应急疏散通道并明确标识。

本条隐患判定的主要依据如下：

（1）《水利水电工程施工安全防护设施技术规范》（SL 714—2015）

7.2.1　（节选）制冷系统车间应符合下列规定：

7　氨压机车间还应符合下列规定：

5）设置应急疏散通道并明确标识。

（2）《安全标志及其使用导则》（GB 2894—2008）

8　标志牌的设置高度

标志牌设置的高度，应尽量与人眼的视线高度相一致。悬挂式和柱式的环境信息标志牌的下缘距地面的高度不宜小于 2m；局部信息标志的设置高度应视具体情况确定。

正确做法示例

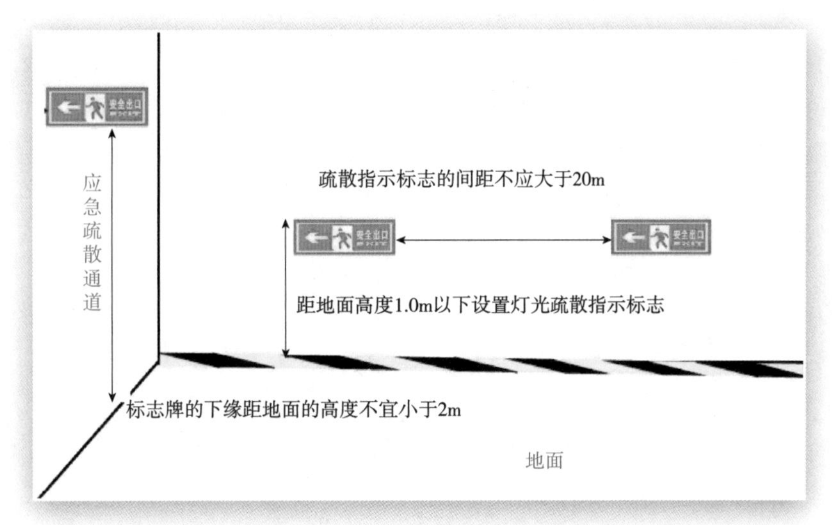

图 4.2-11　**安全标志牌的使用要求示意图**

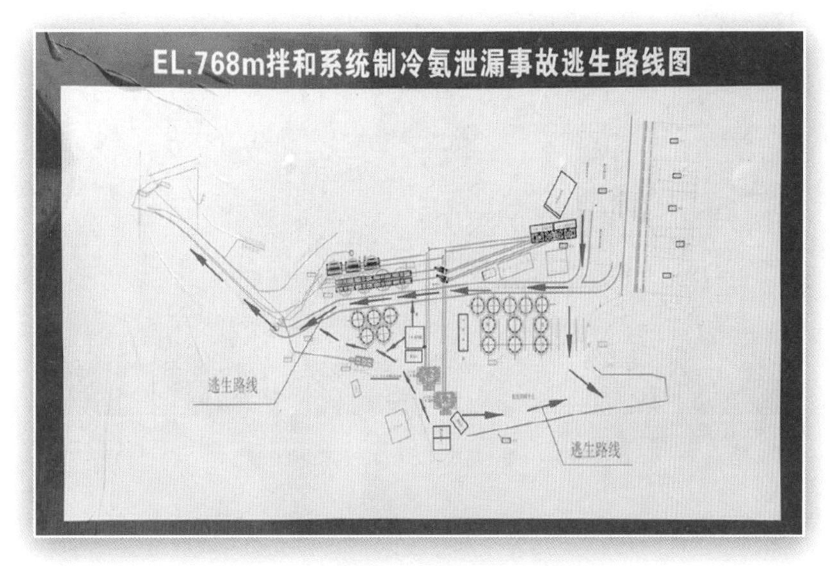

图 4.2-12　**液氨制冷系统车间事故逃生路线图**

4.3　安全防护（SJ-J019）

排架、井架、施工电梯、大坝廊道、隧洞等出入口和上部有施工作业的通道，未按规定设置防护棚。

判定隐患

图 4.3-1　隧洞进口未按规定设置防护棚

图 4.3-2　进水塔底部出入口通道缺少防护棚

本条隐患判定的主要依据如下：

（1）《水利水电工程施工安全防护设施技术规范》（SL 714—2015）

3.3.6　排架、井架、施工用电梯、大坝廊道、隧洞等出入口和上部有施工作业的通道，应设有防护棚，其长度应超过可能坠落范围，宽度不应小于通道的宽度。当可能坠落的高度超过 24m 时，应设双层防护棚。

5.3　洞室开挖

5.3.1　隧洞洞口施工应符合以下要求：

1 有良好的排水措施。

2 应及时清理洞脸，及时锁口。在洞脸边坡外侧应设置挡渣墙或积石槽，或在洞口设置网或木构架防护棚，其顺洞轴方向伸出洞口外长度不得小于 5m。

3 洞口以上边坡和两侧岩壁不完整时，应采用喷锚支护或混凝土永久支护等措施。

（2）《高处作业分级》（GB/T 3608—2008）

3.3　可能坠落范围 possible falling bounds

以作业位置为中心，可能坠落范围半径（3.4）为半径划成的与水平面垂直的柱形空间。

3.4　可能坠落范围半径 radius of possible falling bounds

R　为确定可能坠落范围（3.3）而规定的相对于作业位置的一段水平距离。

A.1　可能坠落范围半径的规定

R 根据 h_b 规定如下：

a）当 2m ≤ h_b ≤ 5m 时，R 为 3m；

b）当 5m<h_b ≤ 15m 时，R 为 4m；

c）当 15m<h_b ≤ 30m 时，R 为 5m；

d）当 h_b>30m 时，R 为 6m。

正确做法示例

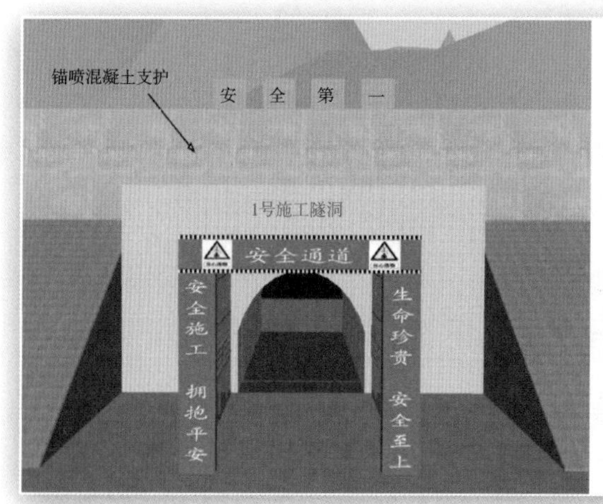

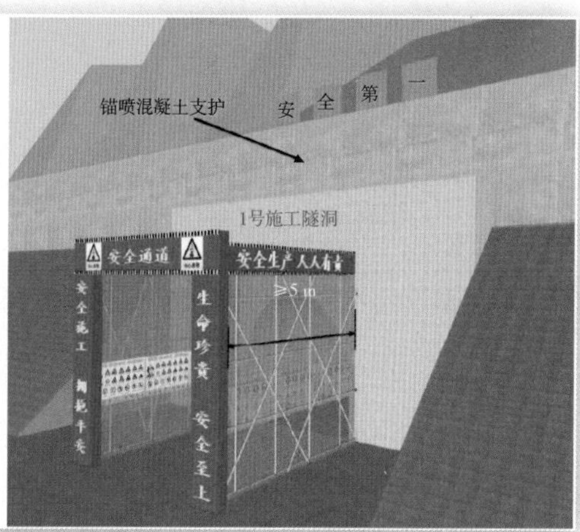

图 4.3-3　隧洞进口按规定设置防护棚示意图

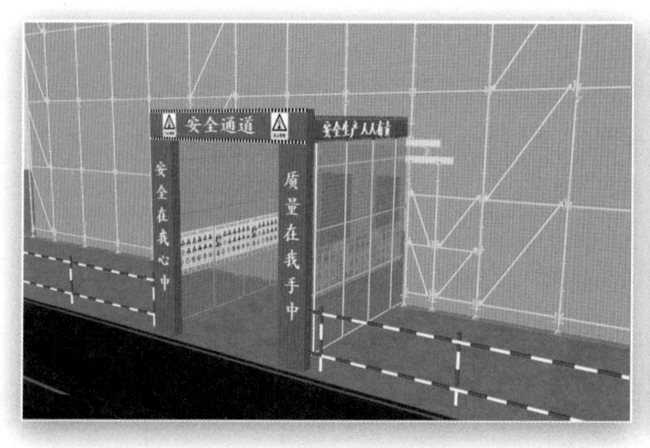

图 4.3-4　排架进口防护棚示意图

图 4.3-5　施工电梯进口防护棚示意图

4.4 设备检修（SJ-J020）

隐患条文

混凝土（水泥土、水泥稳定土）拌和机进筒（罐、斗）检修、TBM 及盾构设备刀盘检维修时未切断电源或开关箱未上锁且无人监管。

判定隐患

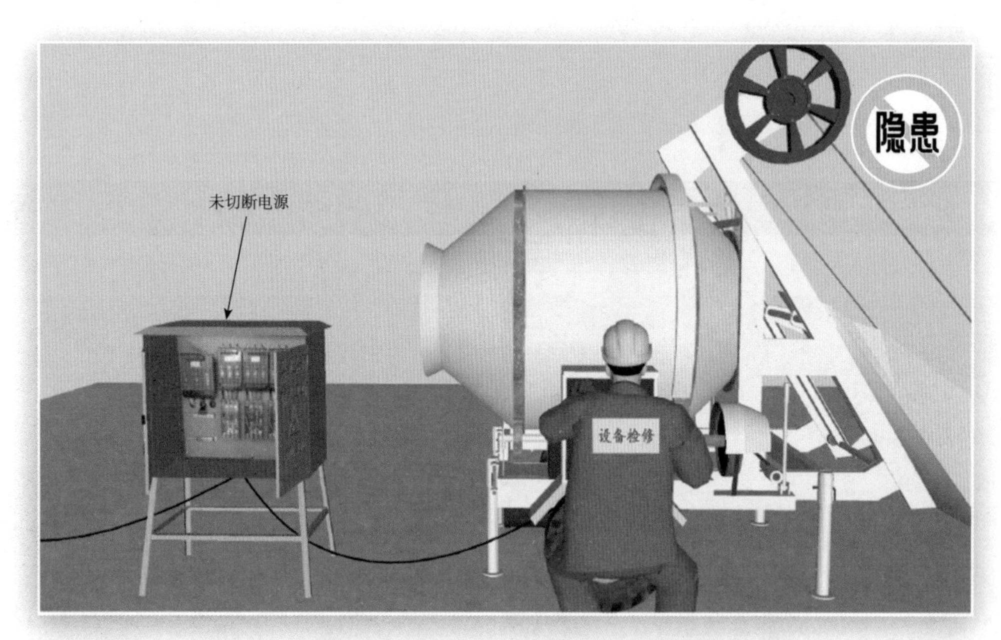

图 4.4-1 混凝土拌和机检维修时未切断电源、开关箱未上锁且无人监管

本条隐患判定的主要依据如下：

（1）《水利水电工程施工安全管理导则》（SL 721—2015）

9.2.6 施工单位应制订设施设备检维修计划，检维修前应制订包含作业行为分析和控制措施的方案，检维修过程中应采取隐患控制措施，并监督实施。

安全设施设备不得随意拆除、挪用或弃置不用；确因检查维修拆除的，应采取临时安全措施，检查维修完毕后应立即复原。

检维修结束后应组织验收，合格后方可投入使用，并做好维修保养记录。

（2）《水利水电工程施工通用安全技术规程》（SL 398—2007）

6.2.9 各种机电设备应按规定进行保养，定期检修。检修时，应切断电源，加锁关闭，并在闸刀处挂有“禁止合闸”或“有人工作”等警示标志。

正确做法示例

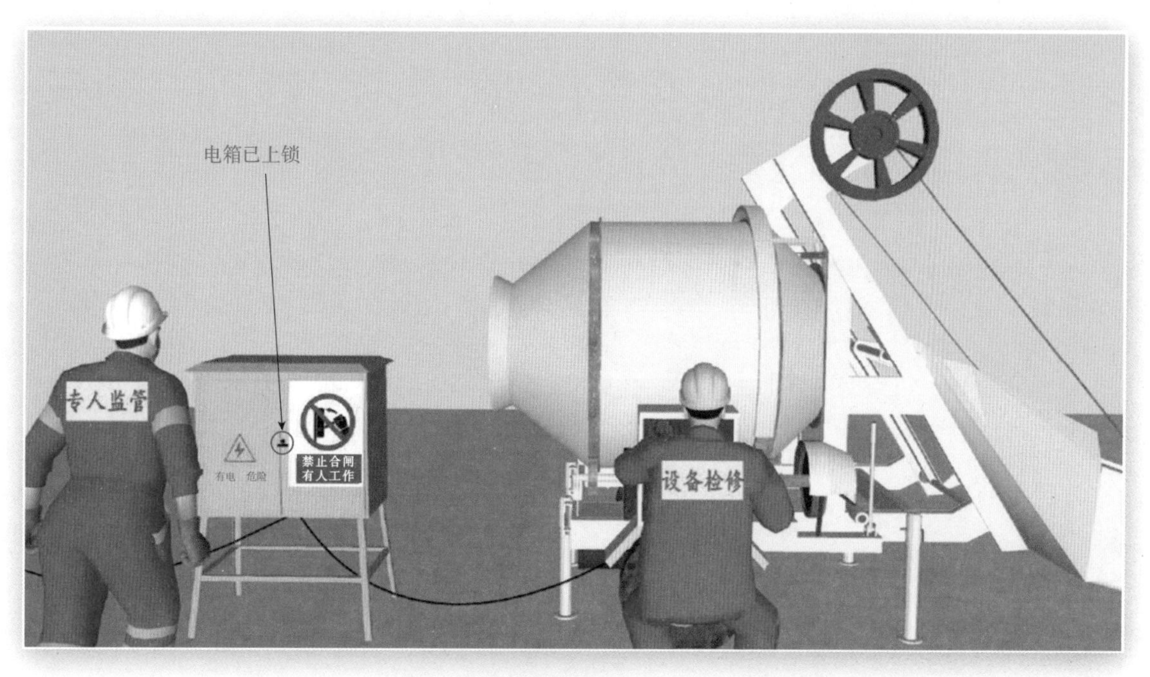

图 4.4-2 混凝土拌和机维修时切断电源、开关箱上锁且专人监管

图 4.4-3 盾构机刀盘检修作业时切断电源且明确专人监管

附录1

水利部办公厅关于印发水利工程生产安全重大事故隐患清单指南（2023年版）的通知

（办监督〔2023〕273号）

部机关各司局，部直属各单位，各省、自治区、直辖市水利（水务）厅（局），新疆生产建设兵团水利局：

根据国务院安委会办公室关于进一步完善隧道工程重大事故隐患判定工作的要求，结合水利行业实际情况，水利部监督司组织对《水利工程生产安全重大事故隐患清单指南（2021年版）》进行修订，形成了《水利工程生产安全重大事故隐患清单指南（2023年版）》。现印发给你单位，请遵照执行。

附件：1. 水利工程建设项目生产安全重大事故隐患清单指南

2. 水利工程运行管理生产安全重大事故隐患清单指南（略）

水利部办公厅

2023年11月14日

附件 1　水利工程建设项目生产安全重大事故隐患清单指南（2023 年版）

序号	类别	管理环节	隐患编号	隐患内容
1	基础管理	资质和人员管理	SJ-J001	施工单位未取得安全生产许可证擅自从事水利工程建设经营活动；勘察（测）、设计、施工单位无资质或超越资质等级承揽、转包、违法分包工程；项目法人和施工单位未按规定设置安全生产管理机构或未按规定配备专职安全生产管理人员；施工单位主要负责人、项目负责人和专职安全生产管理人员未按规定持有效的安全生产考核合格证书；特种（设备）作业人员未取得特种作业人员操作资格证书上岗作业
2		方案管理	SJ-J002	无施工组织设计施工；未按规定编制和审批危险性较大的工程专项施工方案；超过一定规模的危险性较大单项工程的专项施工方案未按规定组织专家论证、审查擅自施工；未按批准的专项施工方案组织实施；需要验收的危险性较大的单项工程未经验收合格转入后续工程施工
3	临时工程	营地及施工设施建设	SJ-J003	施工工厂区、施工（建设）管理及生活区、危险化学品仓库布置在洪水、雪崩、滑坡、泥石流、塌方及危石等危险区域
4		临时设施	SJ-J004	宿舍、办公用房、厨房操作间、易燃易爆危险品库等消防重点部位安全距离不符合要求且未采取有效防护措施；宿舍、办公用房、厨房操作间、易燃易爆危险品库等建筑构件的燃烧性能等级未达到 A 级；宿舍、办公用房采用金属夹芯板材时，其芯材的燃烧性能等级未达到 A 级
5		围堰工程	SJ-J005	围堰不符合规范和设计要求；围堰位移及渗流量超过设计要求，且无有效管控措施
6	专项工程	临时用电	SJ-J006	施工现场专用的电源中性点直接接地的低压配电系统未采用 TN-S 接零保护系统；发电机组电源未与其他电源互相闭锁，并列运行；外电线路的安全距离不符合规范要求且未按规定采取防护措施
7		脚手架	SJ-J007	达到或超过一定规模的作业脚手架和支撑脚手架的立杆基础承载力不符合专项施工方案的要求，且已有明显沉降；立杆采用搭接（作业脚手架顶步距除外）；未按专项施工方案设置连墙件
8		模板工程	SJ-J008	爬模、滑模和翻模施工脱模或混凝土承重模板拆除时，混凝土强度未达到规定值
9		危险物品	SJ-J009	运输、使用、保管和处置易燃易爆、雷管炸药等危险物品不符合安全要求
10		起重吊装与运输	SJ-J010	起重机械未按规定经有相应资质的单位安装（拆除）或未经有相应资质的检验检测机构检验合格后投入使用；起重机械未配备荷载、变幅等指示装置和荷载、力矩、高度、行程等限位、限制及连锁装置；同一作业区两台及以上起重设备运行未制定防碰撞方案，且存在碰撞可能；隧洞竖（斜）井或沉井、人工挖孔桩井载人（货）提升机械未设置安全装置或安全装置不灵敏
11		起重吊装与运输	SJ-J011	大中型水利水电工程金属结构施工采用临时钢梁、龙门架、天锚起吊闸门、钢管前，未对其结构和吊点进行设计计算、履行审批审查验收手续，未进行相应的负荷试验；闸门、钢管上的吊耳板、焊缝未经检查检测和强度验算投入使用
12		高边坡、深基坑	SJ-J012	断层、裂隙、破碎带等不良地质构造的高边坡，未按设计要求及时采取支护措施或未经验收合格即进行下一梯段施工；深基坑土方开挖放坡坡度不满足其稳定性要求且未采取加固措施

续表

序号	类别	管理环节	隐患编号	隐患内容
13	专项工程	隧洞施工	SJ-J013	未按规定要求进行超前地质预报和监控测量；勘察设计与实际地质条件严重不符时，未进行动态勘察设计；监控测量数据异常变化，未采取措施处置；地下水丰富地段隧洞施工作业面带水施工无相应措施或控制措施失效时继续施工；矿山法施工仰拱一次开挖长度不符合方案要求、未及时封闭成环；矿山法施工仰拱、初期支护、二次衬砌与掌子面的距离不符合规范、设计或专项施工方案要求；矿山法施工未及时处理拱架背后脱空、二衬拱顶脱空问题；盾构施工盾尾密封失效仍冒险作业；盾构施工未按规定带压开仓检查换刀
14		隧洞施工	SJ-J014	无爆破设计或未按爆破设计作业；无统一的爆破信号和爆破指挥，起爆前未进行安全条件确认；爆破后未进行检查确认，或未排险立即施工；隧洞施工运输车辆未定期检查，超重运输或使用货运车辆运送人员；未按规定设置应急通信和报警系统；高瓦斯隧洞或瓦斯突出隧洞未按设计或方案进行揭煤防突，各开挖工作面未设置独立通风；高瓦斯或瓦斯突出的隧洞工程场所作业未使用防爆电器；洞室施工过程中，未对洞内有毒有害气体进行检测、监测；有毒有害气体达到或超过规定标准时未采取有效措施；隧洞内动火作业未按要求履行作业许可审批手续并安排专人监护
15		设备安装	SJ-J015	蜗壳、机坑里衬安装时，搭设的施工平台（组装）未经检查验收即投入使用；在机坑中进行电焊、气割作业（如水机室、定子组装、上下机架组装）时，未设置隔离防护平台或铺设防火布，现场未配备消防器材
16		水上作业	SJ-J016	未按规定设置必要的安全作业区或警戒区；水上作业施工船舶施工安全工作条件不符合船舶使用说明书和设备状况，未停止施工；挖泥船的实际工作条件大于 SL 17—2014 表 5.7.9 中所列数值，未停止施工
17	其他	防洪度汛	SJ-J017	有度汛要求的建设项目未按规定制定度汛方案和超标准洪水应急预案；工程进度不满足度汛要求时未制定和采取相应措施；位于自然地面或河水位以下的隧洞进出口未按施工期防洪标准设置围堰或预留岩坎
18		液氨制冷	SJ-J018	氨压机车间控制盘柜与氨压机未分开隔离布置；未设置、配备固定式氨气报警仪和便携式氨气检测仪；未设置应急疏散通道并明确标识
19		安全防护	SJ-J019	排架、井架、施工电梯、大坝廊道、隧洞等出入口和上部有施工作业的通道，未按规定设置防护棚
20		设备检修	SJ-J020	混凝土（水泥土、水泥稳定土）拌和①机进筒（罐、斗）检修、TBM及盾构设备刀盘检维修时未切断电源或开关箱未上锁且无人监管

① “和”为编者所改，原文为“合”。

附录 2 水利工程建设安全生产检查常用工具

《施工企业安全生产管理规范》（GB 50656—2011）

15.0.4 施工企业安全检查应配备必要的检查、测试器具，对存在的问题和隐患，应定人、定时间、定措施组织整改，并应跟踪复查直至整改完毕。

表 1 水利工程建设安全生产检查常用工具

序号	名称	用途描述	实物图片
1	扭力扳手（指针式）	检测脚手架扣件螺栓扭矩	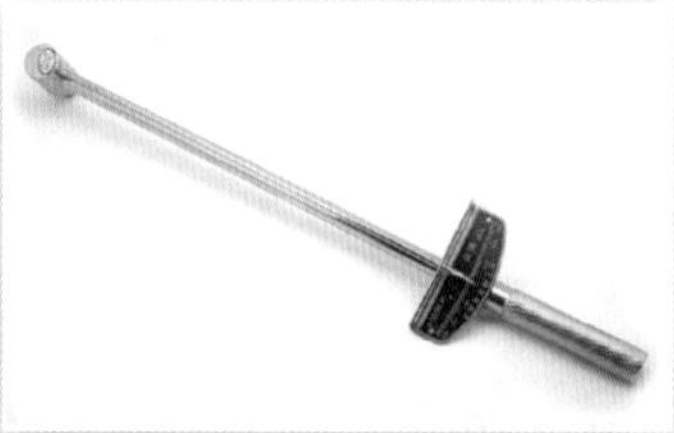
2	扭力扳手（数显式）	检测脚手架扣件螺栓扭矩	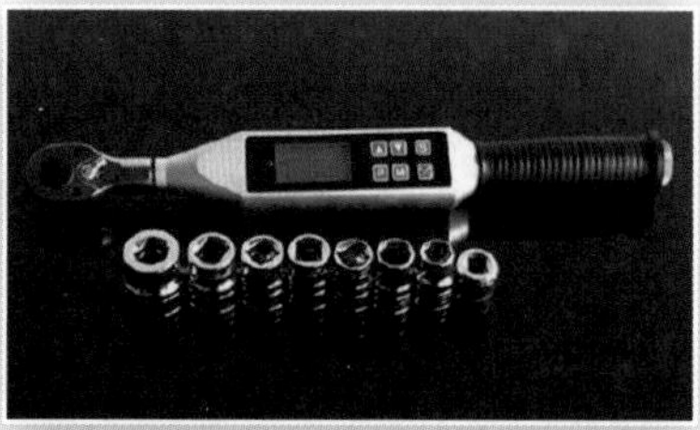
3	游标卡尺（普通）	检测钢管壁厚、外径，可调托撑的螺杆外径，U 型槽壁厚	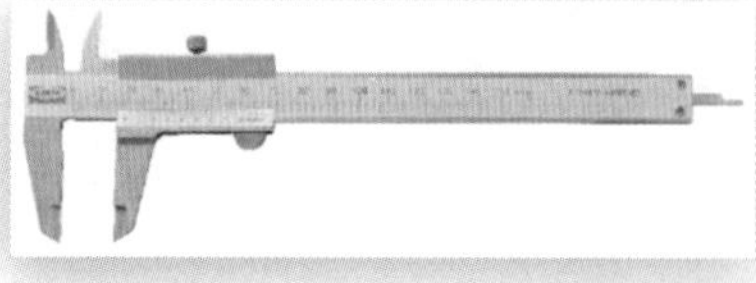
4	游标卡尺（数显式）	检测钢管壁厚、外径，可调托撑的螺杆外径，U 型槽壁厚	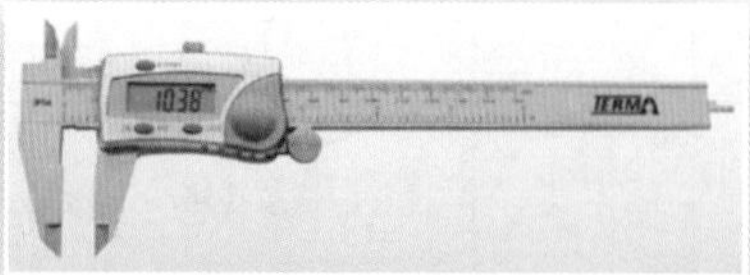
5	螺旋测微器（普通）	测量电缆直径	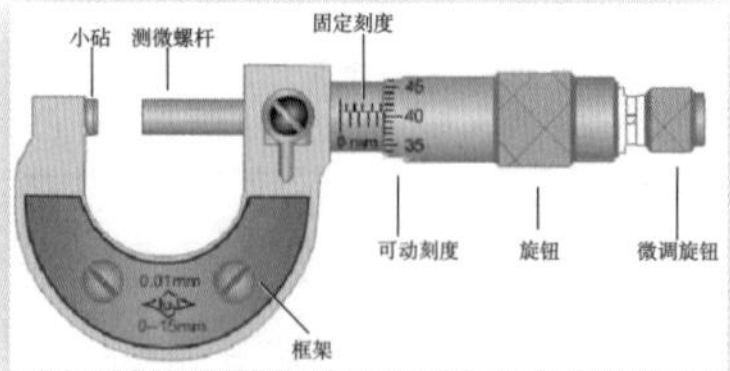
6	螺旋测微器（数显式）	测量电缆直径	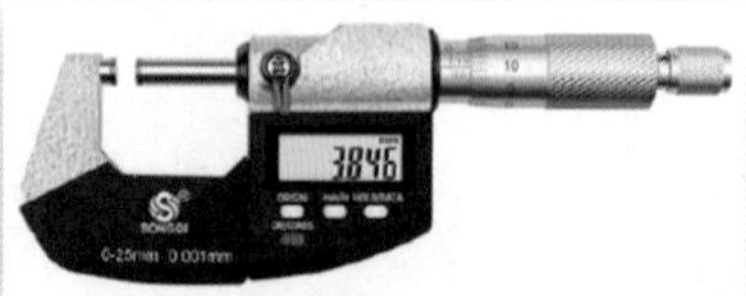

续表

序号	名称	用途描述	实物图片
7	钢卷尺	脚手架步距，纵横向间距，搭接长度、立杆顶部伸出水平杆距离，脚手板宽度和厚度，防护栏杆高度，杆件伸出扣件端部长度，临时用电设备设施距离参数等	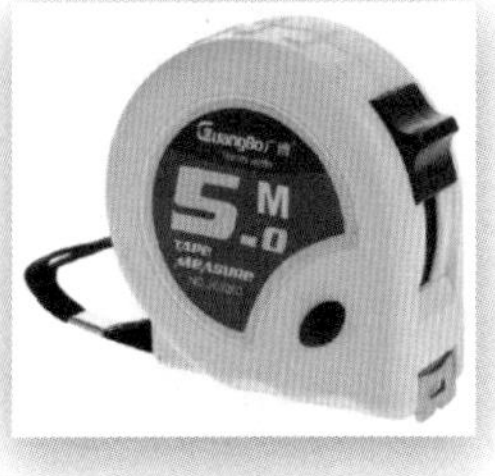
8	皮卷尺	临时用电设备设施距离参数、建筑物安全间距、基坑边坡坡度换算等	
9	激光测距仪	测量距离	
10	弹簧秤	通过称重来初步判定产品质量，如扣件	
11	吊锤	检测垂直度，如塔式起重机、门座式起重机、脚手架、拌和楼等	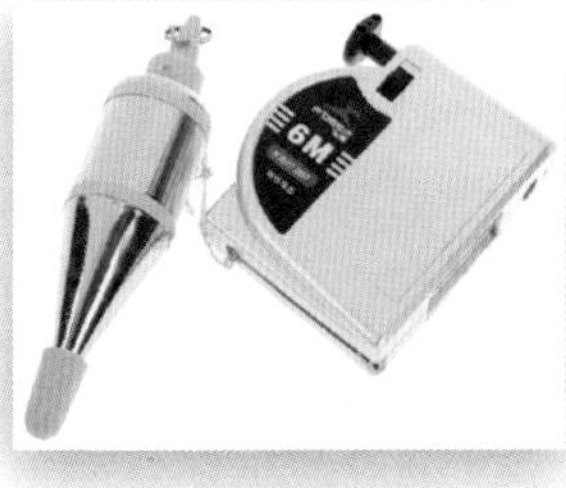
12	激光垂准仪	检测垂直度，如塔式起重机、门座式起重机、脚手架、拌和楼等	

续表

序号	名称	用途描述	实物图片
13	拉力计	测拉力，如防护栏杆要求 1kN 的水平力	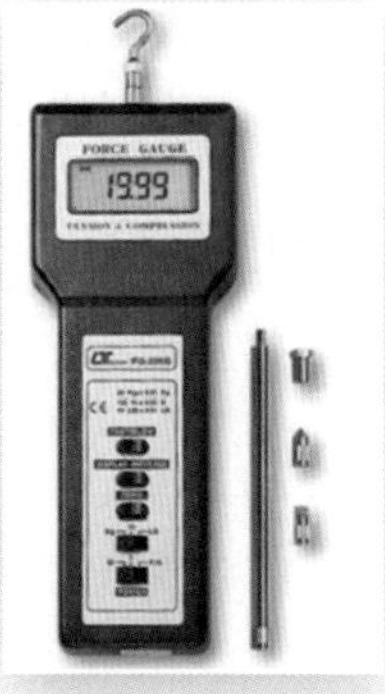
14	全站仪	检测垂直度，如塔式起重机、门座式起重机、脚手架、拌和楼等；水平位移观测，如围堰、挡墙、高边坡、深基坑	
15	经纬仪	检测垂直度，如塔式起重机、门座式起重机、脚手架、拌和楼垂直度等；测量水平位移，如围堰、挡墙、高边坡、深基坑	
16	水准仪	测量垂直位移，如围堰、塔式起重机等重要临时设施	
17	声级计	测量噪声	

续表

序号	名称	用途描述	实物图片
18	空气质量检测仪	测量CO、硫化物、浓度等，价格不同，功能不同，根据工程安全需要选取	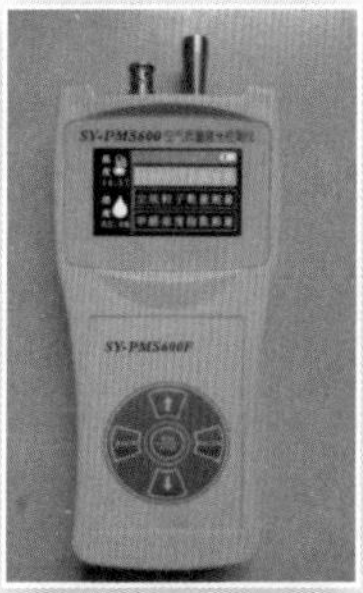
19	瓦斯检测仪	测量瓦斯浓度	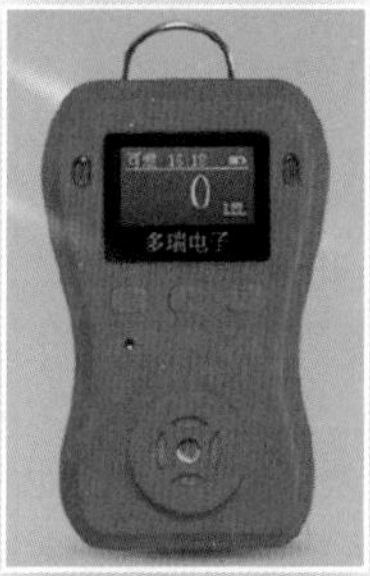
20	风速仪	测量空气流速的仪器，用于水上作业、高处作业、起重吊装作业等	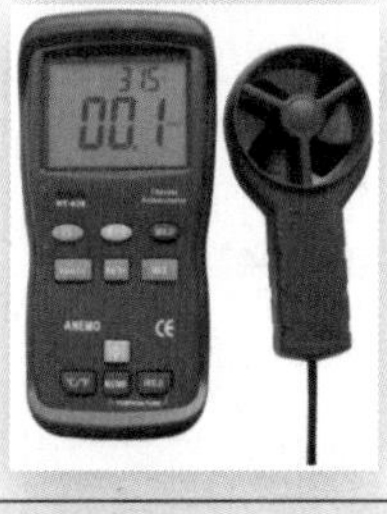
21	流速仪	测量流速，用于水上作业安全	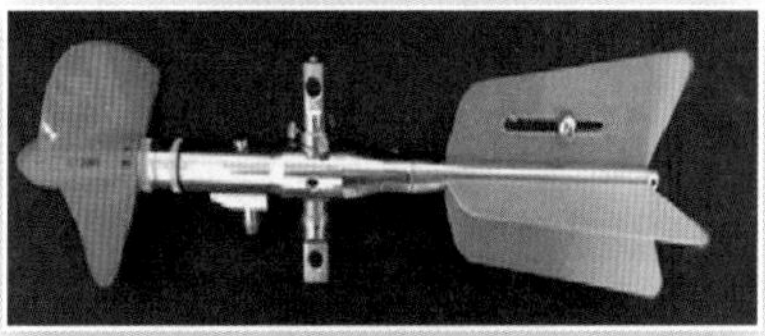
22	测速仪	测量车辆速度	
23	照度计	测亮度	

续表

序号	名称	用途描述	实物图片
24	兆欧表	测线路通断，测绝缘电阻	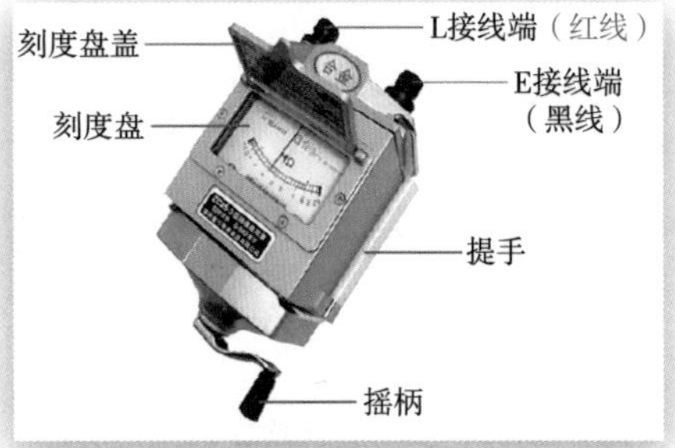
25	钳形电流表	在不切断电路的情况下来测量电流	
26	万用表（数显式）	测量电压、电流和电阻	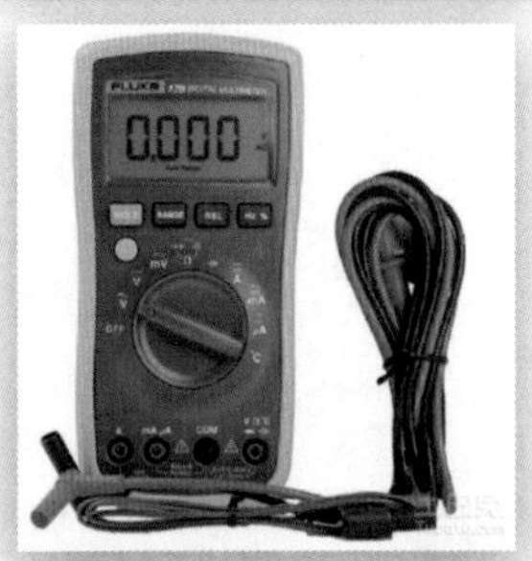
27	漏电保护开关测试仪	测试漏电保护器的漏电动作电流、漏电不动作电流，以及漏电动作时间	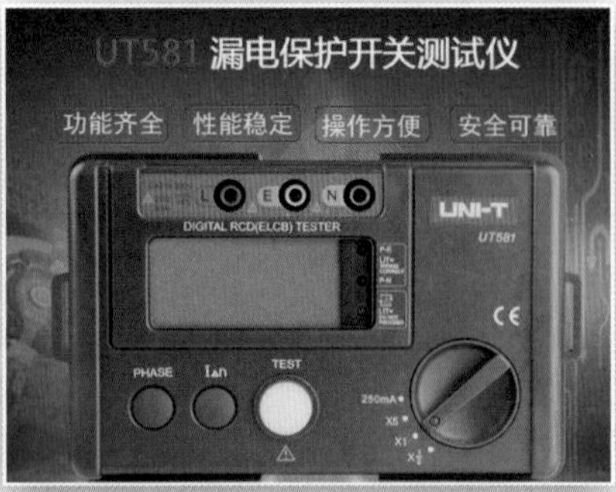
28	漏电保护器测试仪	测试缺地、缺相、缺零等	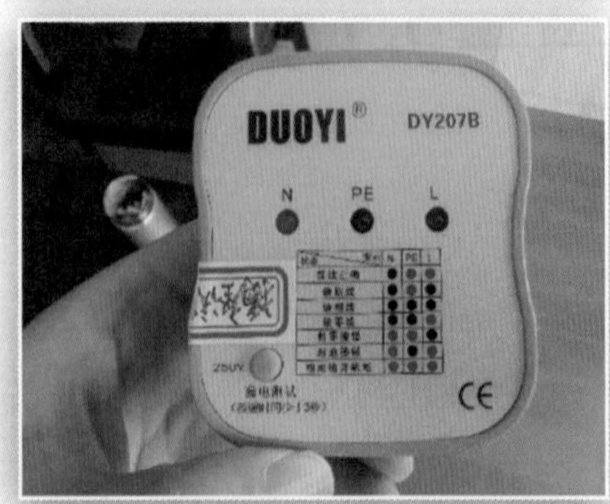

续表

序号	名称	用途描述	实物图片
29	接地电阻测试仪	测工作接地、重复接地、保护接地电阻	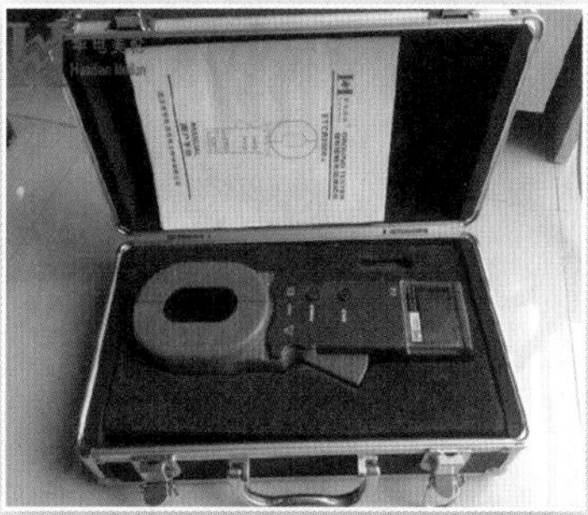
30	热像仪	检查线路发热，是否存在接触不良、过载等	
31	执法记录仪	记录检查过程，回放，专家集中研判	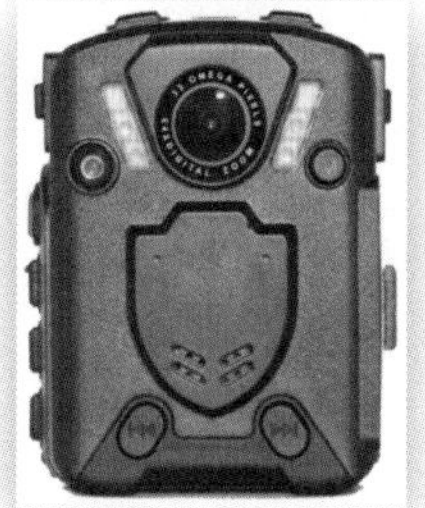
32	望远镜	检查远处安全设施	
33	无人机	检查远处物体拍俯视图